AF313110

HISTORIQUE

DU

JARDIN-DES-PLANTES

DE

SAINT-PIERRE-MARTINIQUE,

PAR M. REISSER,

SOUS-COMMISSAIRE DE LA MARINE, MEMBRE DE LA SOCIÉTÉ D'AGRICULTURE
ET D'ÉCONOMIE RURALE DE LA MARTINIQUE.

DE L'INFLUENCE DE LA BOTANIQUE SUR L'AGRICULTURE,
LES ARTS ET LES MOEURS.

AVANTAGE DE LA CULTURE DES PLANTES ET DES FLEURS
DANS L'INTÉRIEUR DES VILLES.

JARDIN BOTANIQUE DE ST.-PIERRE; — BUT DE SA CRÉATION;
CE QU'IL A ÉTÉ, CE QU'IL EST AUJOURD'HUI ET CE QU'IL
DEVRAIT ÊTRE.

CONSIDÉRATIONS GÉNÉRALES.

*Nec nos ambitio, nec nos amor
urget habendi.*

FORT-ROYAL-MARTINIQUE.

E. RUELLE & CH. ARNAUD, IMPRIMEURS DU GOUVERNEMENT.

1846.

JARDIN-DES-PLANTES

DE

SAINT-PIERRE-MARTINIQUE.

INTRODUCTION.

Les sciences naturelles sont d'une utilité que l'on ne conteste plus de nos jours : l'ardeur avec laquelle s'y livrent les hommes les plus recommandables de l'Europe par leurs talents et leur haute position, les encouragements qu'elles reçoivent des gouvernements éclairés, prouvent assez combien leur étude intéresse la société dans l'état de civilisation où elle est parvenue; mais de toutes les branches de l'histoire naturelle, la plus utile, c'est sans contredit la botanique. Elle embrasse un règne entier de corps organisés qui couvrent la surface du globe ; ses liaisons immédiates avec l'agriculture doivent la faire considérer comme la base fondamentale de notre existence physique.

La première nous apprend à connaître ces objets d'utilité; la seconde les perfectionne et les conserve. Nous lui devons la naturalisation du plus grand nombre des espèces destinées à notre agrément ou à nos besoins, les mets les plus nourrrissants et les plus savoureux, les boissons les plus agréables et les plus restaurantes.

En un mot, c'est parmi les végétaux que nous puisons la plus grande partie de nos ressources alimentaires; nous leur devons encore nos vêtements les plus légers et les plus sains, qui leur empruntent aussi les brillantes couleurs qui les décorent.

Les arts tirent également des végétaux le plus grand parti : la cuisine la plupart de ses aliments et de ses assaisonnements ; la médecine ses médicaments les plus nombreux et les mieux appropriés à notre organisation.

Ce sont enfin leurs productions, recueillies et transportées dans les diverses parties du monde, qui alimentent le commerce et contribuent à créer ces relations si intéressantes entre les sociétés, cause précieuse d'échanges et de communications, qui accroissent et multiplient nos jouissances et font que la vie semble s'agrandir par l'activité et la transmission des connaissances.

La botanique offre plusieurs avantages, celui d'exercer le jugement par l'emploi des méthodes et l'usage de l'analyse, la mémoire, par la nomenclature et la synonymie ; elle est une véritable introduction à l'étude des sciences naturelles, comme la géographie à celle des sciences exactes.

L'attrait de la botanique peut tenir lieu de tous les plaisirs et de toutes les passions dont elle prévient le développement. Son étude adoucit les mœurs, prédispose à la bienveillance, inspire le goût des choses simples et fait naître les plus délicieuses impressions. Elle est une source de jouissances pures et variées, de celles que rien ne peut altérer, ni les changements de fortune, ni celui qu'amènent les années. — Au milieu des chagrins et des déceptions de la vie, l'étude des plantes nous procure encore des consolations, qui en calment et en adoucissent les amertumes.

Dans notre siècle de mouvement, où les progrès en tous genres circulent avec tant d'activité dans les recoins les plus reculés du monde, il n'est plus permis de rester étranger aux améliorations que les perfectionnements et les découvertes réalisent, surtout dans leur application à l'art agricole ; aussi voit-on naître partout le goût des cultures et s'élever des établissements consacrés à l'instruction publique dans le but de propager les conquêtes de cet art sur la nature.

C'est principalement dans les colonies, où l'existence est si bornée et si monotone, où l'action énervante du climat rend si pénible les travaux intellectuels, que l'étude expérimentale de la botanique présente un réel avantage, en procurant à ceux qui s'y livrent des distractions instructives et récréatives tout à la fois, qui, ne tenant pas l'esprit dans une tension continuelle, lui permettent de conserver sa fraîcheur et son énergie, qu'affaiblirait et émousserait inévitablement une constante contraction des facultés morales.

Sous ce rapport, la création des jardins dans l'intérieur des villes peut être considérée comme une amélioration importante. Je dirai plus, comme un progrès sérieux, parce que ce genre d'occupation peut faire pénétrer insensiblement dans tous les rangs de la société, sous une forme attrayante, le goût de la culture et les connaissances qui s'y rattachent et tend à rehausser et à anoblir ainsi les travaux de la terre, vers lesquels on doit s'efforcer de ramener les idées de la population.

Les villes sont les centres d'où part l'impulsion : l'influence heureuse et féconde qu'elles exercent sur la prospérité des campagnes et sur tout le corps social en général n'est point un problème pour les économistes. L'homme des champs vient puiser à ces foyers communs les enseignements, fruits des découvertes et des enseignements de la science, pour en faire l'application sur une plus vaste échelle ; il met en pratique les essais et les résultats que lui signale la publicité, voie féconde, qui fait pénétrer dans les réduits les plus obscurs la lumière et le progrès.

Il est des faits, d'ailleurs, auxquels l'homme indifférent n'attache qu'une médiocre importance, et qui acquièrent, aux yeux de l'observateur clairvoyant, une toute autre portée, au point de vue où il se place pour en étudier les causes et en apprécier les conséquences. — Lorsque la tendance des esprits révèle les simptômes où le germe d'une amélioration quelconque, l'homme chez lequel l'égoïsme n'a pas desséché la fibre, et qui ne rapporte pas à lui seul ce qui peut contribuer au bien-être des autres, éprouve le besoin de faire tourner au profit de ses semblables le fruit de ses réflexions et de ses expériences : il les communique, les livre à la circulation, sans se préoccuper des petits esprits, dont les sarcasmes et les railleries envieuses profanent beaucoup de sentiments élevés, intimident beaucoup de courages et glacent tant de nobles et de généreuses ambitions. — C'est la démagogie d'Athènes, qui empêchait un de ses plus grands hommes de sortir de sa maison de peur d'avoir à passer devant les marchands d'herbes du quartier d'Agora.

C'est au reste, revenons à notre sujet, dans leurs effets et leurs conséquences qu'il faut apprécier les choses humaines; car il n'est pas de petites causes qui ne puissent amener de grands effets.

Qu'il nous soit donc permis de nous féliciter dans toute la simplicité de nos goûs et de nos humbles conceptions de l'heureuse idée que quelques amateurs, amis de la science horticole, ont eu de créer des jardins fleuristes au Fort-Royal, et d'inculquer ainsi à leurs concitoyens le goût de l'étude de la botanique. Cette cité si mal partagée, sous le rapport des conditions essentielles pour le succès de la culture des fleurs, qui exige un sol léger et des irrigations naturelles, et où l'on voyait à peine autrefois croître difficilement quelques plantes indigènes très-communes, compte aujourdhui un assez grand nombre de parterres, qui rivalisent par l'élégante symétrie qui a présidé à leur création, autant que par le choix varié de plantes et de fleurs rares qu'on y cultive, avec les jardins les plus renommés de la ville de Saint-Pierre (1).

L'usage de la greffe, ce précieux et sûr moyen de multiplication et de propagation des meilleures espèces, commence à

[1] Nous émettons ici un vœu, qui sera compris, nous n'en doutons pas, par les vrais amis de la science et de l'humanité ; ce vœu serait de voir créer, au chef-lieu du gouvernement de la colonie, un jardin botanique.

Dans presque toutes les villes de France, et principalement dans les ports maritimes, il existe des établissements destinés à l'étude des sciences naturelles et à l'horticulture. Le Fort-Royal, point de ralliement de la station navale, s'il possédait un jardin des plantes, offrirait aux médecins et aux pharmaciens de la marine embarqués le précieux avantage d'étudier sur les lieux-mêmes les propriétés que recèlent les plantes du nouveau monde. — Le moment est venu où les médecins doivent agrandir le cercle de leurs connaissances thérapeutiques; à chaque instant, consultés dans nos ports par les marins de tous les pays, dans les villes du royaume, par les Colons et les Européens qui vien-

se répandre, et les essais nombreux en ce genre sont couronnés des résultats les plus satisfaisants.

La culture des fleurs est surtout fort recherchée par les dames et les jeunes personnes, dont le goût délicat s'est formé par un séjour et des voyages en France; elles s'y livrent avec un véritable enthousiasme.

Plusieurs d'entre elles n'hésitent pas à faire le sacrifice de ces heures précieuses du sommeil du matin pour aller prodiguer, dès le lever du jour, leurs soins à leurs parterres et ne dédaignent pas de se livrer elles-mêmes à des travaux où souvent elles n'épargnent pas leurs mains délicates, soit pour transplanter un arbuste précieux, soit pour le débarrasser, à l'aide du pesant sécateur, d'une branche gourmande, soit enfin pour lui donner, par une taille intelligente, une vigueur nouvelle ou une forme plus élégante et plus gracieuse.

Ne rougissez pas, mesdames, de mes indiscrètes révélations, vous dont je craindrais d'offenser la modestie, en signalant les noms aux hommages et à la reconnaissance publique. Enorgueillissez-vous plutôt de concourir par les heureuses facultés, privilèges de votre aimable sexe, à anoblir et à répandre un art que les plus grands Rois, depuis Salomon, et les génies les plus

---

nent y réparer leur santé ruinée par un climat dévorant, il serait bon et utile que les hommes de l'art, quand on leur rend compte du mode du traitement auquel ces malades exotiques ont été soumis, fussent à même, par une connaissance parfaite de la propriété des végétaux étrangers employés dans le principe comme moyens curatifs, d'apprécier l'influence qu'ils ont pu exercer sur la constitution physique du malade, afin de combattre les désordres organiques que ces végétaux ont produits, soit en faisant usage, pour la guérison des maux dont ils sont affligés, de ces mêmes plantes que la Providence a placées dans les lieux où elle a permis que ces maux prissent naissance. Frappé de cette regrettable lacune, nous avons exprimé le désir qu'il fut créé dans chaque hôpital un jardin médicinal qui, outre l'avantage de mettre sous la main du médecin des plantes vivantes bien préférables, par l'énergie de leur action, à celles qui arrivent d'Europe, privées de leurs vertus, par les avaries et leur desséchement, et qu'il serait impossible de se procurer en temps de guerre, faute de communications, offrirait encore aux jeunes officiers de santé de la marine, employés dans les hôpitaux de la colonie, des sujets d'études et d'observations, qui ne pourraient qu'ajouter à leur instruction et à leurs connaissances.

bienfaisants, ont placé si haut dans l'estime et la vénération des peuples.

Le culte des fleurs fut toujours l'apanage des âmes sensibles et bonnes, et il ne saurait en être autrement, car qui a plus d'analogie que la femme avec ces gracieux et magnifiques ornements de la nature.

De toutes les choses créées, les fleurs ne sont-elles pas en effet les plus innocentes, les plus belles et les plus richement douées. Elles sont des jeux pour l'enfance, des agréments pour la jeunesse, des consolations pour l'âge mûr et l'ornement de la tombe, l'objet constant du culte et de l'admiration de l'homme de bien, la source enfin de ses profondes méditations et de ses études les plus chères.

O fleurs ! de toutes les choses périssables, vous êtes les plus fragiles et cependant vous êtes de l'essence la plus céleste. Vos parfums s'élèvent vers le ciel et vous réjouissez les regards humains par l'éclat de vos brillantes couleurs ; — compagnes de nos plaisirs, adoucissement à nos infortunes, vous servez à la fois d'emblèmes aux triomphateurs, de symbole à la vierge qui marche à l'autel.—Je vous salue, couronne des montagnes, gracieuse écharpe de la tombe ! Dans le livre de la nature, vous êtes ce que le verbe est dans celui de la révélation !... Ah ! combien serait triste et désolée la terre, privée du charme de votre ornement ; elle serait comme un visage sans sourire, une fête sans convives. Vous êtes, ô fleurs ! les étoiles de la terre, comme les étoiles sont les fleurs du ciel ! Qui peut, sans vous admirer, examiner les détails de votre structure ? Vous êtes l'expression de l'amour de Dieu pour sa créature, car vous éveillez dans le cœur de l'homme l'amour du beau et du vrai.

Votre simplicité, ô fleurs ! nous inspire des pensées d'humilité ; vos attraits enchanteurs adoucissent nos maux, calment nos souffrances, repoussent l'égoïsme et disposent aux sentiments les plus tendres. —Votre calice nectarisé est le livre le plus instructif des mystères de la nature ; il nous enseigne que l'homme, ici-bas, n'est pas destiné à vivre solitaire ; mais qu'il a été créé pour sentir, aimer et admirer les chef-d'œuvres que la main de Dieu a semés sur son passage comme d'humbles et de gracieux monuments, destinés à en embellir et à en charmer le cours.

HISTORIQUE.

Le terrain, choisi pour le jardin botanique, était une propriété appartenant aux dames ursulines de Saint-Denis, qui fondèrent un monastère dans la paroisse du Fort-Saint-Pierre, en vertu des lettres patentes du Roi, du 28 août 1681, ratifiant la donation faite, par le gouvernement métropolitain à cet ordre religieux en 1631, des biens provenant de la succession de la dame Marie de Clémy, échus au domaine de l'État, à titre de déshérence.

Situé à l'extrémité de la Promenade ou Place-d'Armes dite la Savane du Fort, sur une élévation moyenne, le Jardin-des-Plantes est borné au Nord par la rivière du Fort et la route royale qui conduit à la Basse-Pointe; dans la partie du Sud, par la rivière dite le Poirier et par un morne à pic, qui le sépare de l'habitation du Trou-Vaillant, appartenant au domaine colonial; à l'Est, il est dominé par un autre morne très-élevé, dont plus des deux tiers, dépendant de ce jardin, touchent aux terres de l'habitation Fauvé Sablon, qui en forment les limites. — De ce point culminant, le coup-d'œil est enchanteur : d'un côté sont les collines arrondies, enrichies de leurs cultures soignées et nuancées de plusieurs couleurs distinctives de chaque sorte de plantations; de l'autre, se détachent les plaines où la pâle verdure de la canne s'étend en nappes carrées coupées à angles droits par les palissades vives qui leur servent d'abri. Dans le fond du tableau, la ville de Saint-Pierre, avec ses bosquets fleuris, se déroule, comme un vaste panorama, sur un plan incliné, sorte d'amphithéâtre, où les maisons semblent enchevêtrées l'une dans l'autre. La vue s'étend sur la mer et n'a de bornes que l'horizon et cette chaîne de crêtes volcaniques, mamelons gigantesques drapés d'une éternelle végétation.

A l'Ouest, le jardin s'arrête brusquement à l'extrémité du premier plateau, au-dessous duquel se trouve la porte d'entrée; à sa droite, roulent les eaux pures et limpides de la rivière le Poirier, encaissée par la propriété dite Tivoli, dépendante du jardin, et par une allée de tamariniers qui conduit dans l'intérieur de l'établissement. Sur ce plateau, d'où s'élancent deux palmistes *(areca oleacera)*, rois géants de la création, colonnes hardies, dont le chapiteau, aux feuilles nerveuses et ondoyantes, se balance avec majesté au-dessus des plus grands arbres d'alentour et semble défier les vents et la foudre, l'œil est encore agréablement frappé par l'aspect de la haute ville et le vert tapis de la savane du Fort, au-dessus de laquelle l'on découvre encore la rade, où nulle voile ne peut entrer ni sortir sans être aperçue.

Lors de la vente des biens des communautés religieuses, la propriété où se trouve aujourd'hui le jardin botanique fut destinée à un établissement rural. L'emplacement qu'il occupe était une petite habitation d'environ sept carrés de terres (9 hectares à peu près), qui recélait, sous les broussailles, une cascade remarquable, une rivière et un terrain distribué en plateaux, en vallons et en mornes, réunissant ainsi les conditions les plus favorables à la culture et à l'acclimatement des plantes de toute espèce.

Les vues de l'administration, en créant cet établissement modèle, se résume dans les dispositions de l'arrêté du capitaine-général Villaret Joyeuse et Bertin, préfet colonial, du 30 pluviose an XI (19 février 1803).

Elles eurent pour objet :

1° De favoriser et de multiplier la culture de toutes les plantes utiles et agréables, tant indigènes qu'exotiques, des épiceries de toute sorte et de propager les meilleurs fruits dans la colonie ;

2° D'introduire et de naturaliser les végétaux étrangers, ayant avec les nôtres un degré suffisant d'analogie ;

3° D'enrichir par ce moyen notre agriculture locale d'une foule de produits applicables à la nourriture des hommes et à celle des animaux ;

4° De faciliter l'étude de la botanique aux amateurs de cette science, d'enseigner aux habitants à reconnaître la nature des terres, l'utilité et l'emploi des meilleurs engrais et de répandre dans le pays les méthodes nouvelles de culture et l'usage des instruments aratoires :

5° De faire naître et d'entretenir, par des échanges mutuels et des relations avec les contrées étrangères, une salutaire émulation, en admettant ainsi les Colons à la participation des découvertes et des progrès des sciences, enfin d'exciter par tous les moyens l'intérêt et les sympathies de la Métropole en faveur de ses possessions intertropicales par l'abondance, la variété et la supériorité des produits qu'elles pourraient lui offrir en échange de ses objets manufacturés.

Tel fut le but qu'une administration prévoyante et éclairée s'était proposé en dotant la Martinique d'un jardin d'essais et de naturalisation. — La série des actes qui font suite à l'arrêté du 30 pluviose au XI offre la preuve de la persévérante sollicitude avec laquelle elle poursuivit son œuvre bienfaisante au milieu même des circonstances de guerre si peu favorables au développement de l'agriculture et du commerce.

Et ici, c'est le lieu de rappeler une disposition de l'acte mémorable du 30 pluviose, qui honore au plus haut point l'administration de l'époque : l'art. 7 prescrivit l'érection d'un monument pour perpétuer la mémoire de l'illustre *Déclieux*, qui le premier apporta, en 1723, des plans de cafier à la Martinique, et qui fit à la conservation de ces précieux arbustes le sacrifice de sa ration d'eau, dont il les arrosa chaque jour pendant sa longue et pénible traversée. — Abnégation sublime, dévouement glorieux d'une âme grande et généreuse !

Hélas ! aujourd'hui que cette plante, qui pendant plus d'un siècle fut un des éléments principaux de la richesse du pays, succombe épuisée par les ravages d'un insecte destructeur, un nouveau Déclieux ne surgira-t-il donc pas, pour combattre et triompher de cette cause de mortalité, qui affecte si profondément un des produits les plus importants de notre agriculture locale ?...

Nous nous réservons d'analyser, en terminant cet écrit, l'excellent mémoire publié à Paris, en 1842, par MM. *Guérin-Méneville* et *Perrottet*, sur l'insecte et le champignon, qui détruisent les cafiers aux Antilles, en signalant les moyens et les procédés qu'ils indiquent pour en neutraliser les désastreux effets ; nous ajouterons à cet analyse nos propres observations et les résultats de nos expériences (1). Toutefois, avant d'aller plus loin, qu'il nous soit permis d'exprimer le vœu qu'un champ d'expérimentation soit disposé au jardin botanique par les soins du Directeur de cet établissement, dont le zèle et l'amour de la science nous garantissent d'avance le concours empressé pour la réalisation d'une entreprise dont le succès serait une conquête si belle et pourrait avoir sur l'avenir de ce pays une si grande influence.

Par une décision du 2 fructidor an II (20 août 1803), de M. le Préfet colonial Bertin, M. Castelneau d'Auros, commis d'administration de 2ᵉ classe, fut chargé, à compter du 1ᵉʳ prairial de ladite année (21 mai 1803), de diriger toutes les opérations relatives à l'établissement du jardin botanique.

Un second arrêté du 10 frimaire an XIII (1ᵉʳ octobre 1804) fixa les dépenses annuelles du Jardin-des-Plantes à un maximum de 6,000 fr. pendant la durée de la guerre, et les appointements du Directeur furent portés à 2,700 fr. par an.

Un troisième arrêté du 25 janvier 1806, du préfet colonial, baron de Laussat, régla de nouveau les dépenses et la comptabilité de cet établissement, dont la direction fut continuée à M. Castelneau d'Auros, et enfin une décision du Gouverneur anglais sir Charles Wale, du 26 février 1812, trois ans après la prise de l'île par les Anglais, maintint le même Directeur et le chargea de rassembler sous le meilleur système de botanique les plantes indigènes les plus rares et de former un dépôt de celles médicinales pour l'usage des pauvres ; ses appointements furent réduits à la somme de 4,000 liv. coloniales par an (2,222 f. 20 c.),

(1) Au moment où nous livrons ces feuilles à l'impression, nous lisons dans un journal de France, du 27 août dernier, que M. Guérin-Méneville, professeur de zoologie agricole, président de la Société entomologique de France, observateur aussi modeste que consciencieux, a présenté dans une précédente séance de l'Académie des sciences des observations remarquables sur les insectes nuisibles à l'olivier et aux ormes, et que la société d'agriculture, appréciant ce travail à sa juste valeur, vient de confier à ce naturaliste le soin d'aller étudier dans le Midi les mœurs de ces insectes et le moyen de défendre les oliviers des attaques de ces agents dévastateurs. On voit, d'après cela, combien en France on s'occupe sérieusement des questions qui intéressent les récoltes.

et il lui fut prescrit d'établir le catalogue de tous les végétaux alors en culture dans le jardin. Ce catalogue comprend 486 genres et espèces de plantes, tant indigènes qu'exotiques ; il fut imprimé à 150 exemplaires, aux frais de la colonie. — La même publication fut ordonnée pour les suppléments audit catalogue d'année en année, afin que les progrès de l'établissement fussent authentiquement constatés.

M. Castelneau d'Auros, hâtons-nous de le proclamer, fut le principal créateur du jardin botanique. Ce naturaliste distingué, plein d'ardeur pour la science et de dévouement au pays, en posa les premiers jalons ; c'est à lui que l'on doit l'heureuse distribution du terrain dont il sut si bien ménager et tirer parti des accidents naturels.

Le nom de M. Baudin doit être aussi signalé à la reconnaissance de ses concitoyens pour les dons généreux qu'il fit à la colonie d'arbres précieux de l'Inde. Il voulut bien aussi se charger, sans aucun frais, du transport de cette contrée à la Martinique, des riches collections de plantes vivantes que MM. Bouvet et Lacrux, administrateurs de l'Inde, y envoyèrent sur ses navires, et au nombre desquels nous citerons le *Litchy*, fruit à grappes roses, originaire de Chine, ayant le goût du raisin-muscat ; le *Longanier (Euphoria Longana)*, le *Tinku*, ou arbre à huile, de Madagascar ; le *Bibacier* et l'*Ampolis* ; le *Pandanus odorant*, et enfin le *Mabolo* des Philippines, espèce de *Plaqueminier*, de la famille des ébénacées, arbre remarquable par son port élégant, son magnifique feuillage et la beauté de son fruit, velouté et coloré comme la pêche. Le Mabolo fournit de plus un bois dur, très-propre à l'ébénisterie, qu'on peut utiliser avec avantage pour de solides constructions.

A la reprise de l'île par les Français, en 1814, le Jardin-des-Plantes était cependant loin d'être ce qu'il est aujourd'hui et aurait peut-être été abandonné sans la protection éminente de M. l'intendant du Buc ; c'est donc à cet administrateur, dont la mémoire sera toujours en vénération à la Martinique, que nous devons la conservation de cet utile établissement.

Il était réservé à une de nos célébrités militaires et adminis-

tratives, l'honorable lieutenant-général comte Donzelot, Gouverneur et Administrateur pour le Roi de la colonie, de continuer et de raffermir l'œuvre fondatrice de MM. Villaret Joyeuse et Bertin, et de compléter ainsi celle de MM. de Laussat et du Buc. Sous l'impulsion vivifiante, imprimée à toutes
les branches de l'administration publique par ce chef d'une
si haute portée de vue, le Jardin-des-Plantes reçut une nouvelle extension ; son œil pénétrant et exercé avait saisi d'un
seul coup tout ce qu'il y avait d'éléments de prospérité et
d'avenir pour le pays en centralisant dans cet établissement
rural les richesses variées du règne végétal et en faisant con-
verger en même temps, vers la Martinique, les grands enseignements de la science.

Aussi s'empressa-t-il, dès son arrivée, d'ouvrir des relations
avec tous les gouverneurs étrangers et avec les hommes les
plus instruits de l'Europe.

Pour ajouter à l'embellissement et à la décoration du jardin botanique, le lieutenant-général Donzelot y fit exécuter
des travaux de toute sorte, soit pour tirer le meilleur parti possible des accidents du terrain, soit pour multiplier les irrigations. Secondé par les talents d'un ingénieur, pour qui rien
n'était impossible, M. le capitaine du génie Grégoire, il fit
construire, en 1821, au centre d'un des plateaux inférieurs du
jardin, la magnifique pièce d'eau, avec ses gracieux îlots, bosquets flottants, dont la luxuriante végétation se mire et se
reflète sur la surface de cette nappe d'eau comme dans une
immense glace.

C'est dans ce grand vivier que furent placés les vingt Goramis, qui faisaient partie de ceux apportés de Bourbon, le 31
mars 1819, par la corvette de charge le *Golo,* commandée par
M. le baron de Mackau, ainsi qu'une riche collection d'arbres
et de plantes des Indes-Orientales. Le cafier dit le Roy, originaire de Moka, était au nombre de ces végétaux précieux.

Le chateau-d'eau, en demi-lune, couronné de crénaux, et
la jolie grotte, divisée en cinq compartiments, formée par des
pilliers en maçonnerie sèche, d'où l'eau filtre goutte à goutte
à travers les roches et les plantes parasites, qui en tapissent les

contours et la voûte intérieure, œuvres d'art et de goût, sont de l'exécution de M. le capitaine Grégoire, qui fit construire aussi la plus grande partie des jets-d'eau, des viviers et des caneaux qui alimentent le jardin, et, disons-le en passant, c'est encore à cet ingénieur actif et d'une capacité si bien justifiée, que la ville de Saint-Pierre doit plusieurs de ses monuments remarquables, des ponts, des aqueducs d'une élégance et d'une solidité éprouvée.

M. Le Grand, successeur de M. Castelneau d'Auros, continua la direction du jardin botanique jusqu'au 1ᵉʳ août 1827; son zèle et ses soins persévérants, surtout dans les premières années, contribuèrent beaucoup à la prospérité de cet établissement.

De nombreux échanges de végétaux avec les contrées étrangères procurèrent de précieuses acquisitions au jardin. Ils furent provoqués par M. le comte Donzelot, qui lui-même entretenait de fréquentes communications avec l'extérieur et une correspondance directe et active avec MM. les Administrateurs du Muséum d'histoire naturelle. Ces relations devinrent, l'on n'en saurait douter, une des principales causes d'un intérêt plus vif en faveur de cet établissement de la part du département de la marine, dont les vues et la sollicitude étaient si bien comprises par le représentant du Roi en cette colonie. Et certes, on ne peut, sans nier l'influence qu'exerce presque toujours sur les institutions le patronage des hommes éminents, se refuser à admettre que ce ne fut pas sans de grands avantages pour le Jardin-des-Plantes de la Martinique que projeta sur lui le brillant reflet des illustrations savantes de la France, les Cuvier, les Thouin, les Laugier, les Jussieu et les Geoffroy St.-Hilaire, ces dignes soutiens de la gloire des naturalistes français.

LA CASCADE (1).

Le Jardin-des-Plantes, toujours remarquable par la structure pittoresque de son site, animé par un luxe de végétation na-

(1) La Cascade est ici décrite dans son état primitif, avant qu'un déboisement bien regrettable lui eut enlevé sa plus essentielle parure, son aspect agreste et sa beauté naturelle.

turelle, douée d'une physionomie particulière, était dès sa création, à cela près de quelques travaux d'art, ce qu'il est encore aujourd'hui, un établissement dont le pays peut à juste titre s'enorgueillir, un champ curieux d'exploration pour le naturaliste-observateur et un sujet constant d'admiration et de surprise de la part des étrangers.

Mais de toutes les beautés que la nature s'est plu à réunir dans ce lieu privilégié, de toutes les impressions que l'on reçoit en le parcourant, nulle n'offre plus d'enchantement que la Cascade, cette miniature d'une des plus grandes et des plus sérieuses beautés de la nature.

On y arrive par une belle allée, entremêlée de palmiers au port élancé, de pandanus, de manguiers ombreux et touffus, de spondias aux fruits parfumés et d'uvaria, dont les pétales en lanières ondulées, embaument l'air de leur suave odeur. La chûte est entièrement cachée par les sinuosités que décrit le chemin; elle ne se découvre que lorsqu'on en est à cinquante pas ; elle semble être sortie par un déchirement volcanique des escarpes rocheuses qui l'environnent pour donner passage aux eaux, qui se précipitent entre leur parois, au sommet desquels se montre le ciel par une étroite échappée.

La vue est soudainement frappée par le grandiose de cette végétation fougueuse, cadre si bien approprié au tableau qu'il décore.

L'eau, tombant avec fracas, par flocons écumeux de soixante-dix pieds de hauteur, dans un bassin sémi-circulaire, forme une nappe en globules d'argent, tandis que les reflets de la lumière, qui se projettent perpendiculairement, se jouent et chatoient sur sa surface comme les rayons de la lune sur les vagues fouettées par la brise.

Le volume d'eau qui compose la partie moyenne de la chûte se partage, à mesure qu'elle tombe, en petits fragments pyramidaux dont la pointe est tournée en bas. Les particules de l'eau sont d'une blancheur éblouissante et paraissent par intervalle se repousser les unes les autres par un mouvement de tressaillement impossible à analyser, et avec une vélocité telle que la vue en est parfois troublée.

Les vides occasionnés par les aspérités du rocher impriment à l'eau des formes et des nuances les plus variées. Parfois, lorsque le soleil darde ses rayons sur les vapeurs de la cascade, l'arc-en-ciel jaillit de son prisme et colore la surface du bassin en déployant à travers ce brouillard humide son écharpe diaprée ; les extrémités de l'arc qu'il décrit s'effacent entre des massifs de verdure qui se groupent et serpentent d'une manière tourmentée et confuse au milieu des rochers boisés. A quelques pas de la plate-forme, on se trouve sous l'aspersion d'une rosée constante, produite par le rejaillissement de l'eau.

Ce qui ajoute encore au charme du site, ce sont les arbres et les lianes qui s'élèvent à une grande hauteur et qui sont eux-mêmes enveloppés d'une foule de plantes parasites, de Polypodes, d'Angrecs, de Guis, de Lichens, etc. etc., appartenant à la nombreuse famille des Orchidées et des Cryptogames.

L'expression est impuissante pour rendre les émotions que l'on éprouve dans ce lieu rempli d'enchantement. La plus grande solitude y règne; on semble être séparé du monde entier : le bourdonnement de la cascade, le frémissement du feuillage, cette nature mystérieuse et sauvage, palpitante d'animation, le cri des oiseaux retentissant par intervalle sur les bords du ravin, remplissent l'âme d'une vague mélancolie, et la pensée, recueillie et confondue par cet imposant spectacle, cherche à formuler dans un ravissement solennel une hymne à l'auteur de tant de merveilles.

DESCRIPTION TOPOGRAPHIQUE DU JARDIN-DES-PLANTES

TEL QU'IL ÉTAIT EN 1821.

Sur la petite éminence qui s'élève brusquement en face de Tivoli, enclos dépendant du Jardin botanique et que sépare la Rivière-Poirier, règne une belle plate-forme, surmontée de deux autres terrasses. Ces trois pièces bien nivelées font la principale assiette du Jardin proprement dit.

La maison du Directeur ainsi que les bâtiments accessoires

sont établis sur le niveau de cette plate-forme ; à son extrémité Sud, une très-petite cour sépare la maison principale de la cloture du Jardin, au côté droit de laquelle est une porte de communication par où l'on entre de plein pied dans une allée transversale.

Cette maison, peu spacieuse, était dans un état de délabrement qui contrastait d'une manière regrettable avec la beauté du lieu ; elle a été restaurée à neuf depuis peu de mois. Les dépendances consistent en une cuisine, sept cases à nègres et une gragerie.

Les bornes du Jardin ou son enclos se trouvent formés par des barrières naturelles, excepté du côté de la route royale, le long de laquelle est établie une haie vive.

On pénétrait dans cet établissement, en 1821, par une porte d'une architecture simple et élégante, située dans la partie Est, en face de la jonction des deux chemins du Parnasse et du Morne-Rouge. Cette porte, formée de deux pilastres en pierres avec chapiteaux, surmontée d'une frise, se fermait à l'aide de deux battants à panneaux dans la partie inférieure et à balustres dans la partie supérieure ; on y arrivait par un escalier à rampes en pierres de taille (1).

Depuis 1828, cette porte a été murée afin d'éviter les dilapidations qui se commettaient dans l'établissement à l'insu du Directeur et l'on a ouvert au public la porte d'en-bas qui se trouve immédiatement à droite, après avoir passé le pont de la Rivière-Poirier. Qu'il soit dit à ce sujet que cette précaution est à peu près inutile, attendu que la haie vive, qui ferme l'enclos du Jardin dans la partie supérieure, longeant la grande route, est une barrière impuissante pour obvier au grave inconvénient signalé plus haut.

Deux très-belles allées, dont la plus directe, ayant deux cent soixante pieds de longueur, conduisaient à la plate-forme. Celle-ci, plus étendue et moins couverte que les terrasses supérieures, était principalement destinée à la culture des herbes,

---

(1) Cette porte a été construite sur le plan dressé par M. le capitaine du génie Grégoire.

arbustes et arbrisseaux, dont la végétation pouvait être compromise par la présence de trop grands arbres. On y voyait les Liliacées, les Aloës, les Agaves, les Ananas, les Cactiers, etc., et quelques arbres d'un bel effet et de peu d'ombrage, tels que les Filaos *(Casuarinæ equisitifoliæ)*, des Palmiers marquaient les encadrements des allées, bordées de Lagerstrœmiæ et d'autres arbustes non moins agréables.

Au Nord de ce plateau, un espace de quarante pieds de largeur, divisé en carreaux, était consacré dans toute sa longueur à la culture des plantes médicinales exotiques, qui réussissaient parfaitement.

Des canaux d'irrigation, sagement conduits, entretenaient l'humidité du sol.

L'allée du centre se terminait à l'Ouest par un petit bosquet au milieu duquel était un jet-d'eau. Deux palmiers aréquiers y élevaient leurs panaches majestueux. —Cet endroit formait un demi-cercle décrit par l'escarpe qui domine la rivière Poirier. De ce premier point de vue, l'œil suivait agréablement le cours de la rivière du Fort et le paysage qui se dessinait sur ses bords jusqu'à la mer.

Deux bancs en pierre étaient placés en avant de la rampe fermant le bord de l'escarpe.

La première terrasse au-dessus de la plate-forme présentait à droite et à gauche deux parterres émaillés de fleurs curieuses; venait après un grand jet-d'eau, placé dans la croisée des deux allées principales; on y trouvait ensuite de belles avenues, qui, tracées au milieu d'une grande plantation d'arbres de toutes espèces, formaient des voûtes de verdure impénétrables aux rayons du soleil et sous lesquels, aux heures les plus chaudes du jour, on pouvait se promener à l'ombre et au frais. Parmi ces arbres, on remarquait des Copahus *(Copaifera-Officinalis)*, des Simaroubas, des Cycas, des Muscadiers. Le Poivrier et le Vanillier grimpaient sur plusieurs de ces arbres. Dans le fond de la grande avenue du milieu se trouvait une fontaine dont l'eau tombait à grands flots dans un bassin qui la distribuait à plusieurs canaux ou ruisseaux dirigés dans tous les sens.

La terrasse supérieure, moins profonde, mais aussi large que les autres, voyait prospérer plusieurs rangs d'arbres de l'Inde et de l'Amérique méridionale. On y remarquait encore une petite grotte humide, tapissée de verdure du haut de laquelle s'écoulait un filet d'eau qui paraissait sortir du milieu des rocailles.

En suivant une allée d'orangers de différentes espèces qui aboutissait à la porte du jardin, on entrait dans une seconde allée plantée d'arbres à pains, de palmiers, de cocotiers, de dattiers et de lataniers, allée qui se trouvait elle-même séparée par une lisière donnant sur la grande route.

Les massifs étaient remplis par des bananiers, des cafiers et diverses espèces de plantes précieuses. De ce point on apercevait distinctement la Montagne-Pelée et les campagnes environnantes.

En revenant par une troisième allée, on aboutissait encore au grand escalier de la dernière terrasse.

Le reste de la colline s'élevait en amphithéâtre, orné de cultures, facilement accessibles, à l'aide de chemins en pente douce, pratiqués, dans les diagonales les plus favorab'es, à la déclivité graduelle du terrain jusqu'au sommet du morne adjacent aux terres de l'habitation Sablon.

On parcourait ce chemin à l'ombre de lisières touffues de Canelliers. Ces lisières protégeaient une plantation considérable de Girofliers entremêlés de Muscadiers. — Dans un emplacement réservé, l'on remarquait un champ de Cafiers d'Aden et de Moka, apportés par M. Baudin. Le tout prospérait d'une manière assez satisfaisante pour servir de modèles à des tentatives de même genre dans la colonie. En continuant à s'élever dans le morne, on parvenait à un petit plateau, d'où la vue plongeait au loin sur une perspective des plus étendue. — Quelques bancs invitaient à s'y reposer.

Lorsqu'on redescendait le morne, si l'on détournait ses pas vers le Sud, on entrait dans une belle avenue, qui dominait un vallon charmant. Il régnait dans cet endroit un assemblage harmonieux de beautés champêtres, dignes de fixer les regards de l'homme le plus indifférent aux scènes de la nature. Au milieu de ce vallon, l'art et l'industrie avaient déployé ses ressources pour relever encore le charme du paysage. Un banc placé sur une petite vigie, à côté de l'avenue, permettait au spectateur d'embrasser, en s'y reposant, tous les sites délicieux qui se déroulaient autour de lui. — A sa droite, il voyait une fontaine ceintrée, dont le pourtour intérieur, garni d'orifices aplatis, laissait échapper de nombreuses nappes d'eau; un peu au-dessus de cette fontaine, une double grotte hydraulique, figurée par des roches amoncelées, couvertes de mousses et de fougères, plus bas un grand vivier en forme d'étang, dont la surface, entrecoupée d'îlots couverts de plantes curieuses, dessinait ses contours au milieu des promenades bordées d'arbres étrangers. Plus bas encore, une savane où paissait le troupeau. — Enfin tout à fait dans le fond coulait, en serpentant, l'eau de la Rivière-Poirier. Plus loin et en face du spectacteur, se déroulaient la promenade Laussat, la rivière du Fort, couverte de blanchisseuses, les campagnes au-dessus de la Nouvelle-Cité, le pont, une partie de la ville et enfin la mer et les navires qui louvoient dans la rade. — Rien ne contribuait à relever davantage le mérite de ce tableau animé, que l'aspect abrupte et sauvage du revers des mornes qui se prolongent sur le côté opposé comme un vaste rideau dont la verdure sombre et la végétation vigoureuse contrastaient d'une manière si frappante avec la douceur et le coloris gracieux du plan intermédiaire.

Dans l'enfoncement de la vallée, à l'Est en remontant le cours de la rivière, par un beau chemin, tracé à mi-falaise, on arrivait et l'on s'arrêtait en face d'une escarpe, coupée à pic, d'environ quatre-vingt pieds d'élévation perpendiculaire, d'où s'élance en cascade toute la masse d'eau supérieure du torrent. Ici la nature a tout fait, l'art n'y a pris part que dans la confection du bassin qui reçoit cette eau bruissante et la reverse aussitôt partie dans le lit inférieur et partie dans un canal creusé le long du chemin déjà décrit.

Tel était, en 1821, l'état du jardin botanique de Saint-Pierre, dont nous venons d'esquisser à grands traits le plan topographique : la disposition des lieux est restée à peu près la même, jusqu'en 1845. Nous indiquerons plus loin, en rappelant la part que chaque Directeur de cet établissement a prise à l'accroissement et à la multiplication de ses richesses végétales, les travaux qui ont été exécutés, soit pour tirer un meilleur parti du terrain, soit pour ajouter de nouveaux embellissements à ceux que nous avons déjà signalés.

Toutefois, nous nous empressons de constater que le catalogue établi en 1823, par M. Rolland le Grand, comprenait 328 genres et 646 espèces de végétaux des quatre parties du monde, divisés, d'après le système de Jussieu, en quinze classes; ainsi, dans une période de onze années, le nombre des plantes cultivées au jardin s'était accru de plus de moitié.

M. Castelneau d'Auros, à qui nous avons payé le tribut d'éloges que méritaient l'activité et le talent qu'il déploya dans la distribution primitive du jardin botanique et la prompte acquisition des richesses végétales dont il l'orna, a aussi acquis des titres à la reconnaissance des habitants de la ville de St.-Pierre pour l'embellissement et l'entretien de ses promenades publiques. C'est lui qui fit planter et entretenir les belles avenues de la Place-d'Armes du Fort, autrefois le *Cours Napoléon,* nom qu'il est regrettable que cette promenade n'ait pas conservé.

Cette entreprise qui, par les charges qu'elle lui imposait, était plus onéreuse que lucrative, fut pour M. d'Auros une cause de dégoûts et de découragements. Il vit mutiler et détruire successivement les arbres qu'il avait élevés et soignés dans les pépinières du jardin botanique. Ses doléances et ses réclamations auprès du Gouverneur anglais, le major-général Broderick, et du chef de l'administration coloniale Pinel, pour réprimer cette dévastation, furent toutefois accueillies avec intérêt et provoquèrent, de la part de ces autorités, des ordres qui, malheureusement, ne produisirent pas les effets qu'on devait en attendre.

L'établissement principal, dirigé par M. Castelneau d'Auros avec tant d'amour et de goût, ne prenait pas lui-même toute l'extension désirable : cet état de choses résultait des circonstances de guerre qui restreignaient l'alimentation du Jardin-des-Plantes de la Martinique aux seules ressources végétales que lui offrait le superbe établissement de même genre formé à St.-Vincent, d'où M. d'Auros avait tiré, dans le principe, un

(25)

ğrand nombre de plantes rares et exotiques, que lui avait pro-
curées M. Anderson, directeur du jardin botanique de cette île,
avec lequel il entretenait de fréquentes et d'intimes relations.

Les obstacles et les contrariétés que rencontra cet homme
dévoué dans l'exécution de ses projets, et les conditions défa-
vorables où il se trouvait placé, ajoutent encore au mérite de
son œuvre et rehausse le sacrifice qu'il fit en abandonnant
l'emploi lucratif qu'il occupait dans l'administration coloniale
pour se consacrer entièrement à la fondation d'un établissement d'utilité publique.

A une époque néfaste où le vandalisme, fruit amer de la
conquête, paralysait l'essor des progrès et des améliorations,
alors que la direction des affaires publiques changeait si souvent
de mains, où les administrations, qui se succédaient rapidement, n'avaient aucun intérêt de conservation, on doit aisément comprendre, en effet, combien la tâche que s'était imposée M. d'Auros devenait difficile à remplir. — Dans ce pays
surtout où les idées progressives pénètrent avec tant de peine,
où les moindres choses éprouvent tant de lenteurs à se réaliser,
on peut apprécier les entraves que de telles circonstances devaient mettre à l'accomplissement d'une entreprise qui, en
Europe, eût rencontré de si vives sympathies et de si puissants
encouragements.

Et cependant l'on ne saurait incriminer cette fâcheuse tendance des esprits qui semble inhérente à l'essence même des
colonies, envisagées de tous temps comme des lieux de passage,
où l'on ne dresse sa tente que pour quelques années, tandis
que l'on finit souvent par y consumer toute son existence, et
cela sans avoir su tirer parti de son temps, sans avoir jamais
songé à se créer ces commodités, ces agréments de la vie, que le
confortable procure; et ce qu'il y a de pire, sans avoir rien
fondé de durable et d'utile, et réalisé même quelques-unes de
ces améliorations qui fécondent l'avenir. Fatal écueil contre
lequel viennent se briser les plus fermes courages, s'éteindre
toutes les nobles ambitions d'âmes généreuses et se dissoudre
les meilleures institutions!...

Aussi combien ne sont-ils pas dignes de louanges et d'admiration ces hommes vraiment courageux qui, résistant à ces causes de découragement, à cette affligeante contagion, marchent d'un pas ferme et résolu vers le but qu'ils veulent atteindre, et lèguent aux contrées qui les ont vu naître ou qui les ont accueillis d'utiles institutions et d'impérissables monuments, qui gravent et perpétuent leur mémoire dans la reconnaissance des générations futures!...

Contraint de rentrer en France vers la fin de l'année 1814 pour y régler des affaires de famille, M. Castelneau d'Auros, toujours préoccupé de ses vues généreuses en faveur du Jardin-des-Plantes de la Martinique, s'empressa, dès son arrivée à Bordeaux, de se mettre en rapport avec le célèbre Thouin, professeur de culture au Muséum d'Histoire naturelle, et fit parvenir à M. l'Intendant Du Buc des semences et des plantes vivantes provenant du Jardin royal de Paris.

M. Rolland Le Grand, jaloux de continuer ce qu'avait créé l'intelligente activité de son prédécesseur, mit le plus grand zèle à soigner l'établissement qui lui avait été confié et y apporta tous les perfectionnements dont il était susceptible. On doit à cet amateur distingué l'harmonieuse ordonnance que l'on voit régner dans les principales parties de ce beau séjour. — L'acclimatement et la propagation, dans la colonie, d'une quantité considérable de plantes et d'arbres précieux, et leur multiplication par la greffe, les marcottes et au moyen de sémis, permettaient alors aux habitants de venir puiser, sans frais, dans les belles pépinières formées dans le jardin, tous les végétaux propres à enrichir leurs propriétés et à embellir leurs jardins.

La main libérale de M. Le Grand s'ouvrait aussi aux pauvres qui trouvaient, dans un enclos réservé exclusivement à la culture des plantes médicinales, les simples appropriés au soulagement et à la guérison de leurs maux.

Des envois nombreux furent faits, par ce Directeur, au Jardin-des-Plantes de Paris, dans les provinces de France, à l'étranger, ainsi que dans nos possessions d'Afrique, de Bourbon, et principalement à Cayenne, qui de tout temps fut si prodigue envers la Martinique des trésors de son sol privilégié et des végétaux exotiques naturalisé sdans son jardin botanique de *Baduel*, ainsi que des arbres et plantes aromatiques et à épiceries provenant de la propriété du gouvernement la *Gabrielle*, des habitations particulières et des riches forêts de cette fertile colonie.

C'est un devoir pour nous de consigner ici le public hommage de reconnaissance que le pays doit aux administrateurs, aux habitants de la Guyane, et principalement aux directeurs des établissements que nous venons de citer, pour les dons précieux et multipliés qui ont été faits à la Martinique, et surtout pour les soins qui ont présidé à l'expédition des végétaux, semences et graines de toutes sortes parvenus dans la colonie.

La nomenclature de ces végétaux étant trop étendue pour la reproduire dans cette notice, nous nous bornerons à faire état ici seulement de ceux qui, par leurs propriétés et leur utilité relatives, méritent plus particulièrement d'être signalés à l'attention publique : nous avons extrait la liste de ces végétaux des catalogues établis par M. Le Grand qui, pour mieux faire apprécier les progrès de l'établissement, eût soin d'en dresser plusieurs exemplaires manuscrits, dont les plus complets portent les dates des années 1816, 1819 et 1823.

Sur la fin de 1816, on vit paraître au Jardin-des-Plantes :

Le Lit-Chi, le Longane (Dimocarpus-Longana), le Mabolo des Philippines, les Pruniers de la Chine et de Madagascar, le Bananier-Figue à fruit vert et jaune, le Cafier d'Aden, le Filao ou Casuarina, le Bibacier, originaire du Japon, donnant un bon fruit, etc. etc.

En 1819, lors de l'arrivée de la flûte le *Golo*, le jardin reçut l'Oranger de la Chine, le Citronnier dit Cumbava, provenant des Moluques. On en fait de belles haies. Il donne un citron d'une odeur particulière; le Mangoustan, un des meilleurs fruits de l'Asie, originaire du détroit de Malacca et de la Sonde. Il a été 30 ans avant de se naturaliser à Bourbon, c'est d'ailleurs un bel arbre; le Laurus-Tomex, le Vangassayes dit du Cap, espèce d'orange d'un rouge écarlate, l'Orangine, provenant de Chine, couleur de l'orange, mais plus petite; deux espèces d'Imbicaria, de la famille des sapotilliers; le Manguier à grappes, le Calac ou Bois-amer, indigène de Bourbon, employé en infusion comme stomachique et vermifuge; on rape le corps du bois pour le faire infuser, les tourneurs s'en servent comme du buis; le Vavangue, espèce de nèfle, venant de Madagascar, l'Alamanda, belle fleur jaune à grand calice, propre à orner les jardins, venant de bouture et originaire de l'Asie, la Rose de Bourbon, variété qui s'est formée naturellement, ayant la feuille des rosiers du Bengale et la fleur comme nos belles roses de France. Elle donne toute l'année des fleurs. M. le baron de Freycinet en a renouvelé l'espèce qu'il avait rapportée de Bourbon et en dernier lieu de Cayenne, lorsqu'il vint, en 1829, prendre le gouvernement de la Martinique, et enfin le Bois-Noir (Mimosa-Lebbec), espèce d'acacia, originaire de l'Inde. Cet arbre se plait dans les endroits les plus chauds et même dans les terrains les plus sablonneux. Il croît partout et promptement. Son bois sert à la construction des vaisseaux pour les courbes, et on en fait de bonnes planches. Le Bois-Noir sert à l'île Bourbon à ombrager les caféyères; sa fleur répand une odeur fort douce. Il a l'avantage de se multiplier de graine et de bouture.

Dans des instructions imprimées et portant la date du 30 juin 1819, M. le baron Portal, alors Ministre de la marine et des colonies, recommandait spécialement à M. le comte Donzelot de réprimer sévèrement les abus qu'entrainait, dans les colonies, l'inexécution des ordonnances des 18 mai 1712, 3 août 1722 et 16 novembre 1767, qui prescrivent des mesures relatives : 1° au mode à suivre pour les défrichements; 2° à la conservation des bois sur les habitations, sur les bords des rivières et de la mer; 3° aux plantations et semis à faire pour rétablir les réserves.

Le Ministre s'élevait contre les défrichements qui se font sans aucune règle et dans le seul but d'exploiter des bois sur des terrains, qui ensuite restent incultes; sur l'abus résultant de l'exploitation des bois debout sans autorisation préalable et sans qu'aucune plantation soit faite pour entretenir et pour conserver les réserves ou pour garnir les routes et chemins; enfin sur le tort que les propriétaires ont de ne point veiller à la conservation des arbres, que leur espèce et leur dimension rendent propres aux constructions, et sur la négligence apportée aux récépages indispensables à la reproduction.

Ces mesures avaient un double objet d'utilité, celui de ménager les ressources de la colonie en combustibles et pour les constructions de tous genres, et de protéger les récoltes contre la violence des ouragans et d'entretenir de plus les pluies et la fraîcheur nécessaires, tant à la salubrité de l'air qu'au renouvellement des eaux des rivières.

Parmi les moyens propres à procurer ces résultats avantageux, la naturalisation, dans la colonie, du Bois-Noir de l'Inde, était recommandée.

Cet arbre, qui vient supérieurement dans tous les terrains, surtout dans les terrains secs, parvient, en peu d'années, à la grandeur et à la grosseur des plus beaux acacias de France et acquiert une grande dureté en vieillissant. — Le Bois-Noir, entre autre propriété, a l'avantage de donner un charbon excellent pour la fabrication des poudres de guerre. Il fut introduit à l'île de France vers l'année 1786, par M. Cossigny, ingénieur en chef dans cette colonie, sous le gouvernement de M. le chevalier de Fernay, qui fit venir de Pondichéry des graines de cet arbre précieux. Il fit faire des sémis considérables; en planta le Champ-de-Mars et le Champ-de-l'Or, etc. etc. Les habitants couvrirent les quartiers les plus secs de ces arbres, qui réussirent à merveille.

Pour diminuer le fléau de la sécheresse qui prive quelques quartiers de l'île, et principalement la commune de Ste.-Anne, de la majeure partie de leurs récoltes, il serait nécessaire d'essayer la plantation du Bois-Noir.

On assure qu'il y a 70 ou 80 ans, le quartier de Ste.-Anne recevait des pluies abondantes, et qu'il en a été privé depuis que cette partie de l'île a été complètement déboisée.

Il est à la connaissance de tout le monde que souvent, pendant plusieurs années consécutives, les habitants de Ste.-Anne sont obligés d'envoyer chercher leur eau à St.-Pierre et de faire parcourir trois ou quatre lieues à leurs bestiaux pour les abreuver. Cette situation est digne de remarque et de l'intérêt de ceux qui se préoccupent de questions agricoles.

Méhémet-Ali, ce célèbre législateur de l'Égypte, digne continuateur de l'œuvre civilisatrice du grand Napoléon, n'a-t-il pas employé le même moyen que celui que nous rappelons ici, pour préserver de stérilité le sol égyptien lorsqu'il est privé des fécondes inondations du Nil? On lit dans les mémoires publiés en 1840, par Labat, ex-médecin du Pacha, que dans la courte période de trois ans, dix-huit millions d'arbres ont été plantés en Egypte par les soins du Vice-Roi, et que grâce à cette précieuse innovation, cette belle contrée est aujourd'hui exempte de ces vissicitudes, dont l'Histoire-Sainte elle-même nous a retracé l'affligeant tableau dans un de ses plus intéressants épisodes.

Je crois me rappeler que dans le temps il fut question de doter la commune de Ste.-Anne de puits artésiens. J'ignore qu'elles furent les causes qui s'opposèrent à la réalisation de cet utile projet. Si elles sont dues uniquement aux circonstances du sol, qui rendent quelquefois l'opération du forage très-difficile et très-longue, qu'on se souvienne qu'il n'a pas fallu moins de huit ans de travaux persévérants pour obtenir le puits artésien de l'abattoir de Grenelle, à Paris; mais il est malheureusement un obstacle plus insurmontable encore que ceux-là, la détresse du pays, qui paralyse tout et fait reculer devant les moindres sacrifices de temps et d'argent.

Vers la fin de 1819, et au commencement de 1820, nous avons reçu le Camphrier (Laurus-Camphora), dont un seul pied, provenant d'un drageon enlevé au moment où la souche allait périr, a été sauvé par les soins prévoyants de la Société d'agriculture, qui a eu ainsi le bonheur de conserver au jardin ce précieux végétal, que nous avons vu, il y a peu de temps, dans un état parfait de prospérité.

Le Rotan (Calamus-Viminalis) fut aussi introduit, en 1820, dans le jardin botanique, ainsi que le Thé commun, le Terminalia-Benzoin et le Rubentia, tous arbres d'un intérêt majeur.

La Jamaïque nous a procuré le Jagua et l'Akeesia-Africana, vulgairement nommé Riz-de-Veau, d'après l'apparence et le goût de son fruit.

De la Guyane, entre autres plantes d'un grand prix et des arbres aromatiques et à épiceries en quantités considérables, le jardin reçut, en 1820, sous la dénomination vulgaire espagnole de Mérécouré, un arbre de l'Angistura, dont le fruit ressemble à la Mangue, plus le Gustavia-Augusta, arbre magnifique, et nombre de Palmiers de diverses espèces.

Enfin de la Trinité espagnole, à la même époque, par M. Werbna jeune, botaniste étranger plein de mérite, savoir :

L'Adiantum-Pedatum du Canada,

Le Capparis-Longifolia de la Jamaïque,

La Dorstenia-Drifolia,

Le Galé ou Cirier d'Amérique (Mirica-Cerifera),

Le Coutobea-Spicata dont la feuille, en tisane, est employée par les Indiens de l'Amérique méridionale comme un remède souverain contre leurs fièvres,

Le Bignonia-Incarnata à fleurs superbes,

L'Asclepias-Hoya-Carnosa, très-grand arbre des environs de l'Hoya,

L'Avoyra-Paripou, palmier s'élevant très-haut. La pulpe de son fruit est une excellente nourriture pour les gens du pays,

L'Avoyra-Grimpant, palmier d'une singulière espèce, dont la tige grèle et flexueuse s'attache à ce qu'elle rencontre pour s'élever à la manière des lianes. Son fruit, revêtu d'une pulpe douce et agréable au goût, se mange cru,

L'Arbre à encens,

Le Carica-Cauriflora : son fruit est une papaye meilleure que la commune.

En 1832, un bel envoi fut fait par le jardin de naturalisation de Cayenne. Nous croyons devoir donner ici la nomenclature des principaux végétaux qui le composaient :

Curatella-Americana (les feuilles servent à polir le bois).

Elaïs-Avoira (les fruits donnent de l'huile à manger),

Psidium-Aromaticum (donnent des fruits agréables),

Carapas-Americana (arbre de construction : les fruits font de bonne huile),

Palmier-Coumou (très-bons fruits).

Arec-Pinaux (le corps sert à faire des lattes pour les cases et les feuilles à les couvrir).

Cassuvium-Pommiferum (les fruits sont bons et très-rafraichissants),

Maranta-Arouma (sert à faire des paniers dits Pagaras et des presses à manioc),

Arec-Paripous (très-bon fruit fort agréable),

Eugenia-Angustifolia (Pomme-Rose de la Guyane).

Artocarpus-Integrifolia (le fruit en est très-bon et très-sain),

Miristica-Schifera (Muscadier-Porte-Suif, sert à greffer le Muscadier aromatique (1),

Chawary-Glabra (très-bon bois de charonnage : l'amande du fruit est agréable en cerneaux),

Myristica-Aromatica (Muscadier aromatique),

Abaca-Textilis (Bananier-Corde : la fibre sert à faire des cordes et des tissus de la plus grande beauté (2),

Bacoviers-Bigareaux (Bacoves, dont le fruit est très-agréable),

Anis-Etoilé (arbuste très-rare et très-précieux),

Arum-Dracunculus (la racine donne une fécule nourrissante),

Ananas-Maipouri (Ananas à gros fruit excellent),

Areca-Maripa (Palmier dont le fruit est très-agréable),

Passiflora-Coccinea (petits fruits excellents),

Moutouchi-Guyanensis (Bois de couleur),

Carapa-Americana (arbre de construction propre aux arts),

Garcinia-Mangoustana (fruit de l'Inde).

Nous bornerons ici l'énumération des plantes et arbres de toutes sortes décrits dans les listes des nombreux envois faits à la Martinique par les différents établissements français de l'Inde, de l'Afrique et de Cayenne. Les catalogues qui existent constatent d'une manière authentique les richesses variées qui ont été introduites au jardin botanique depuis sa création, et surtout depuis la paix. Au besoin l'on pourrait facilement

(1) Voir notre notice sur les propriétés de cet arbre, insérée au 1er vol. des *Annales de la Société d'agriculture et d'économie rurale* de la Martinique, p. 84.

(2) Voir au numéro de la *Revue coloniale* du mois de janvier 1846, p. 84, les observations intéressantes faites par M. Perrottet sur l'Abaca des Philippines. Ce Bananier, qui se multiplie au moyen des plants qui poussent autour du pied et de graines, se développe dans ce pays d'une manière parfaite. J'en ai obtenu des touffes magnifiques, provenant d'un plan pris en 1838 au Jardin-des-Plantes.

les consulter à la Direction de l'intérieur, où nous avons trouvé, de la part de M. Fremy et des Chefs et Sous-Chefs de son administration, une si gracieuse obligeance et un si bienveillant empressement à mettre à notre disposition tous les documents qui pouvaient servir à faciliter notre travail. Qu'il nous soit permis, avant d'aller plus avant, de consigner ici l'expression de notre vive gratitude.

M. Roland Le Grand, arrivé à la Martinique, en 1796, avait servi dans les armées françaises pendant les guerres de la révolution ; dans la colonie, il avait occupé des emplois honorables, tels que ceux d'officier de l'état-civil et de lieutenant-commissaire-commandant de la paroisse du Fort, à St.-Pierre, et enfin, pendant plus de douze années, il s'était voué à la prospérité d'un établissement utile à la colonie.

A une instruction variée, M. Le Grand joignait des qualités essentielles à tous directeurs de Jardins publics, une aménité parfaite et une affabilité exquise ; son caractère liant et sociable se prêtait, sans contrainte et sans humeur, à toutes les questions des curieux. Il encourageait ainsi les visiteurs à lui en adresser de fréquentes et à hasarder des observations qui lui devenaient souvent profitables. De cet échange de communications bienveillantes, résultait nécessairement un avantage, celui de s'éclairer mutuellement, et de faire tourner au profit de l'établissement les lumières et les enseignements de chacun.

Fatigué par l'âge et les infirmités, M. Le Grand dut prendre sa retraite. Pour rémunération de ses services, il obtint, sur la proposition de M. le vicomte de Rosily, directeur général de l'intérieur, une pension annuelle de six cents francs sur la caisse coloniale.

M. Artaud succéda à M. Le Grand le 1er août 1827. Ses travaux scientifiques, et surtout ses connaissances en histoire naturelle, en botanique et comme chimiste, le recommandaient au choix de l'administration ; mais de tous les titres que M. Artaud avait à une préférence sur ses nombreux compétiteurs, celui qui militait le plus en sa faveur pour l'obtention de la place vacante, fut, sans contredit, le succès d'une œuvre littéraire qui sauva le Jardin-des-Plantes de l'anathème prononcé contre lui.

Ce fut au sein de la société médicale d'émulation (1), fondée le 1ᵉʳ août 1821 par le Lieutenant-général Donzelot, sous la présidence de l'honorable M. Hilaire Gaubert, médecin du Roi, que M. Artaud eut le bonheur, le 15 décembre 1823, dans un mémoire remarquable, sous le titre modeste d'Essai sur le Jardin colonial des Plantes, de faire prévaloir ses convictions dans l'intérêt de la conservation de ce bel établissement et de le soustraire à l'acte de vandalisme inoui, dont il était menacé. Il n'était question de rien moins que de vendre cette propriété, que dans un moment d'aveuglement public on envisageait comme un établissement onéreux au pays.

Ce fait, ignoré de la colonie entière, est resté enseveli dans les archives de la société médicale d'émulation, où s'élaboraient

(1) Les considérants de l'arrêté du 14 août 1821, portant création de la société médicale d'émulation, dont faisaient partie MM. Hilaire Gaubert, président, Salles et Billoin, médecins, ce dernier, secrétaire, et Artaud, pharmacien-chimiste, trésorier, sont trop remarquables pour ne pas les reproduire ici :

« Vu le désir qui nous a été témoigné par MM. les médecins, chirurgiens et « pharmaciens de la ville de St-Pierre et du Fort-Royal, de former, à l'imitation « des sociétés de Paris et des grandes villes de France, une institution destinée « à contribuer au progrès de la médecine et des sciences qui s'y rattachent « immédiatement ;

« Considérant l'avantage qui résultera, en effet, d'un centre de réunion qui « leur permettra d'ouvrir des discussions sur différents objets de clinique et « de salubrité publique ; s'éclairer réciproquement et cimenter en même « temps, par des liaisons d'amitié et d'estime, un établissement utile aux arts « qu'ils exercent, et intéressant surtout pour les Antilles ;

« Voulant concourir autant qu'il est en nous, à encourager des vues d'ému-« lation aussi louables, en leur assurant de la part du gouvernement la pro-« tection spéciale qui leur est due,

« Nous avons arrêté et arrêtons ce qui suit :

« Art. 1ᵉʳ. La société académique de médecine formée provisoirement sous « la présidence de M. Hilaire Gaubert, médecin du Roi, est autorisée à se réunir « et à se constituer définitivement, sous le titre de Société médicale d'émula-« tion de l'île Martinique, séante à St.-Pierre, etc. etc. »

Le premier chef de la colonie compléta son œuvre progressive et bienfaisante, en faisant hommage à la société d'une médaille en or de 500 fr., pour être décernée à celui qui traiterait, avec le plus de supériorité, cinq questions proposées pour sujet d'un prix offert par lui.

des travaux dont la publicité aurait révélé le mérite, si elle les eut signalés à la reconnaissance du pays, ainsi que les noms des hommes honorables, dont la modestie a voilé les talents et les services. — Heureux encore ceux-là qui trouvèrent dans de nobles sympathies et une appréciation éclairée de leurs œuvres ces encouragements, unique récompense qu'ambitionnent les âmes élevées. Disons-le avec un juste sentiment de satisfaction, l'écrit de M. Artaud ne fit qu'intéresser davantage à la conservation du jardin le chef éminent de la colonie qui, non seulement le prit sous sa sauve-garde, mais porta si haut ensuite les vues d'améliorations et d'embellissements dont ce bel établissement fut l'objet.

Ce que M. Artaud fit au jardin botanique, durant la courte période de son administration d'août à novembre 1827, pourrait être considéré comme peu de chose, contrarié et tourmenté comme il le fut par le jardinier qu'on lui avait fatalement adjoint (1); mais si l'on pouvait apprécier à leur juste valeur des travaux entrepris sous l'influence dissolvante d'une constante et malicieuse opposition, et le triomphe remporté contre des obstacles physiques et moraux qui semblaient devoir user le courage et la constance les plus robustes et les plus opiniâtres, on serait forcé de convenir que l'extirpation des rochers dont le grand plateau du jardin était encombré et qui était destiné à former l'école de botanique fut un travail des Romains, entreprise qui ne coûta aucune dépense à la colonie ni au jardin, et d'autant plus difficile que l'emploi de la mine était impraticable par rapport à la position du plateau trop voisin du chemin et des bâtiments. M. Artaud, ainsi livré aux seules ressources des bras peu nombreux de l'atelier, dut appeler à son secours toutes les puissances mécaniques les plus simples, léviers, crics, treuils et surtout l'adresse, sans laquelle la force devient souvent impuissante.

Ce que fit ensuite M. Artaud fut peut-être encore plus significatif sous le point de vue des moyens que fournit l'horticul-

(1) Le sieur Myron, jardinier venu de France, à la Martinique, le 16 novembre 1826, fut renvoyé de la colonie en juillet 1828.

ture à celui qui en possède à fond les principes et les ressources. On le comprendra facilement par l'explication qui va suivre : pour bouleverser de fond en comble un terrain aussi vaste que l'était le grand plateau, il fallait préalablement en enlever toutes les plantes, à la réserve de quelques grands arbres qu'il prit soin de ménager ; il fallait en même temps conserver ces plantes, la plupart précieuses, et leur faire occuper un espace de terrain fort exigu. Pour parvenir à ce double but, il fit creuser des sillons assez profonds dans la petite bande de terre près des Cafiers le Roy, et là, il déposa toutes les plantes, séries d'espèces par séries d'espèces en groupes se touchant, penchées sur le sillon, et fit couvrir d'une couche de terre légère, substancielle et bien terreautée les racines de ces plantes dont l'extrémité supérieure resta libre à l'air ; de forts et fréquents arrosements leur furent donnés tout le temps que dura leur séjour en revorse. Quand arriva le moment de leur retour en culture, ces plantes furent remises en places convenables, et pas une ne périt par suite de cette opération.

Au milieu de toutes les tribulations et les déboires qui assaillirent M. Artaud, pendant quatre mois environ d'exercice, il s'occupa d'un supplément aux catalogues de ses prédécesseurs, MM. Castelnau d'Auros et Le Grand, et y inséra les nouvelles acquisitions du jardin. — Nous pourrions encore mettre au rang des titres de M. Artaud, à l'estime des amateurs de botanique, l'insistance qu'il mit près de l'administration à solliciter des étiquettes métalliques pour parvenir à la classification des plantes, étiquettes qui furent accordées à son successeur peu de temps après sa retraite du jardin.

Lorsque nous arriverons à parler de l'investiture de la Société d'agriculture et d'économie rurale de la Martinique à la direction du Jardin-des-Plantes, nous aurons encore à mentionner honorablement le nom de M. Artaud, qui fut une seconde fois chargé de cet établissement, en qualité de Directeur botaniste, le 1er mai 1841 jusqu'au 30 novembre 1843, et ce, en vertu d'un arrêté de M. le Gouverneur comte de Moges.

M. Montfleury de l'Homme, peu après avoir quitté les hautes fonctions de Directeur général de l'intérieur auxquelles il fut appelé par M. le comte de Bouillé, gouverneur de la Martinique, à la mort de M. Royer, Directeur titulaire, remplaça le 3 décembre 1827 M. Artaud au Jardin-des-Plantes.

Cet emploi modeste en apparence ne fut point dédaigné par M. de l'Horme, à qui on l'offrit. Il avait compris toute son importance au point de vue de l'influence féconde que cet établissement, habilement dirigé, pouvait exercer sur le régime rural de la colonie et le parti que l'on pouvait tirer d'une position où la nature avait été si prodigue de ses trésors. — M. de L'Horme trouvait d'ailleurs dans les travaux du Jardin-des-Plantes un genre d'occupations conforme à la simplicité de ses goûts et un aliment à cette activité, besoin dominant de son organisation. — C'était en outre un champ plus vaste d'expérimentation, où il pouvait se livrer à des essais de culture et à des épreuves d'acclimatement, tentés ailleurs sur une échelle plus restreinte et dans des conditions moins favorables (1).

Secondé par la bienveillance particulière dont l'honorait le premier chef de la colonie, M. Monfleury de l'Horme fut assez heureux pour voir s'aplanir devant lui ces obstacles et ces difficultés qui trop souvent déjouent les plus saines conceptions et paralysent les meilleures entreprises.

Aussi, vit-on, le Jardin des-Plantes, pour lequel on s'était montré depuis plusieurs années si avare des moindres subsides, devenir tout à coup l'objet des largesses de l'administration locale. Le traitement du Directeur fut porté à 5,000 fr. par an ; on lui adjoignit, en remplacement du sieur Myron, un jardinier à son choix, avec un traitement de 1,800 fr. et une indemnité de logement de 216 fr. par an. M. Célestin Desra-

[1] Nous voulons parler ici de l'habitation que possédait M. Monfleury de l'Horme dans les hauteurs de la ville de Saint-Pierre, transformée depuis en sucrerie par son nouveau propriétaire et sur laquelle il fit exécuter des travaux d'art très-dispendieux pour multiplier les moyens d'irrigation et y tenter des expériences de naturalisation des plantes exotiques. Nous avons vu il y a quelques années sur cette propriété des arbres fruitiers d'Europe, entre autres des Pommiers en plein rapport, que M. Monfleury de l'Horme avait lui-même plantés.

vinières, pourvu de cet emploi, fut confirmé par décision ministérielle du 5 décembre 1828.

L'atelier composé, sous la direction de M. Artaud, de douze
noirs, y compris trois femmes impropres au service, fut augmenté de huit nouveaux travailleurs par décision du 4 mai
1828 et de quatre autres femmes en 1831. — Des fonds furent
votés pour la restauration et l'agrandissement des bâtiments
affectés au logement de l'atelier. A cette dépense, évaluée à
10,000 fr., le conseil privé ajouta une nouvelle allocation de
pareille somme pour la construction d'un pavillon sur l'emplacement de Tivoly, dont l'achat avait été autorisé en 1822
par le général Donzelot pour le compte de la colonie, dans le
but d'en faire une succursale du Jardin-des-Plantes.

Destiné à servir de logement au Directeur, ce pavillon, par
une fatalité étrange, ne fut jamais habité par aucun d'eux.
Le feu le consuma le jour même où les ouvriers venaient d'y
mettre la dernière main. Cet accident fut causé par l'impru-
dence d'un plombier qui, en soudant les dalles du toit, laissa
tomber un charbon enflammé dans un amas de copeaux, dont
l'embrasement communiqua le feu instantanément au bâtiment fraîchement peint et le réduisit en cendres au bout de
quelques heures. — Rebâti de nouveau dans le même style et
tel qu'on le voit encore aujourd'hui, Tivoly fut depuis affermé
pour la modique somme de 780 fr. par an.

L'heureuse exposition de cette propriété, qui n'est séparée du
Jardin-des-Plantes que par la Rivière-Poirier, ne peut que faire
regretter que son annexion à cet établissement, but principal
de son acquisition, n'ait pas eu lieu. Cette adjonction nous
parait présenter trop d'avantages, sous plusieurs rapports, pour
ne pas les signaler ici.

Le premier consisterait à isoler le Jardin-des-Plantes d'un
voisinage étranger, inconvénient grave, puisqu'il tend à rendre
illusoire la surveillance indispensable dans tout établissement
public, où l'on ne doit pouvoir pénétrer qu'aux heures et aux
jours où l'entrée en est légalement permise; tandis que dans
l'état actuel il est facile, en passant par Tivoly, de s'introduire
dans le jardin à l'insu du Directeur et lors même que les portes

de l'établissement sont fermées : pour cela, il ne s'agit que de traverser tout simplement la rivière.

En second lieu, cet enclos réunit les conditions les plus favorables à l'éducation des plantes précieuses et délicates et aux semis. Là les races étrangères viendraient recevoir un premier degré de naturalisation pour être ensuite livrées à des cultures spéciales.

Enfin, on pourrait réaliser, en annexant définitivement cette propriété au jardin, le projet conçu depuis plusieurs années d'établir l'entrée principale de l'établissement en face de la promenade. Elle serait formée par une avenue de palmiers qui, en partant de la Madone près de laquelle prennent naissance les terres de Tivoly, conduirait en ligne directe et de plein pied au jardin, à l'aide d'un pont jeté sur la Rivière-Poirier. Le côté qui borde la grande route serait fermé par un mur qu'on relierait à celui de clôture de Tivoly.

Le grandiose d'une pareille entrée s'harmoniserait parfaitement avec l'aspect des lieux et serait l'avant-goût des surprises et des impressions que font naître les accidents bizarres et multipliés des sites remarquables que tout l'art humain ne saurait imiter.

Cette disposition nouvelle offrirait l'inappréciable avantage de démasquer l'entrée de notre jardin botanique, en faisant disparaître le contraste choquant qui frappe surtout les étrangers lorsqu'ils visitent pour la première fois cet établissement.

Après cette courte digression, dont nous n'avons pas besoin d'indiquer le but, revenons aux travaux entrepris par M. Monfleury de L'Horme et qui attestent son goût parfait et les efforts qu'il fit pour ajouter aux embellissements de l'intéressant établissement confié à ses soins.

En explorant les lieux, cet habile Directeur avait découvert deux nouvelles cascades, dont les chûtes, quoique moins hautes que celle de la première, que nous avons décrite, ne lui cédaient en rien sous le rapport du rare assemblage des capricieuses beautés de la nature, il conçut le projet de ménager au public une agréable surprise en les faisant surgir tout-à-coup du ravin profond et inaccessible où elles bruissaient ignorées.

Dans ce but, il fit défricher et miner la partie du morne qui borde au Sud la grande cascade et creusa dans le roc un sentier par lequel on arrive sur la hauteur. De ce point élevé l'œil plonge dans la gorge profonde que domine l'escarpe taillée dans le morne au bord de la falaise. La déclivité en est rapide, glissante et couverte d'aspérités, et pourtant malgré une sorte d'appréhension dont on est saisi, la curiosité vous porte à allonger le cou vers le fond du ravin pour considérer à travers les immenses touffes de bambous, géants des graminées et des fougères arborescentes, autres géants non moins remarquables, types de la puissance végétative de nos climats, les magnifiques bassins qu'alimentent ces cascades, superposées par étages au milieu des quartiers de roches gigantesques, entre lesquelles l'eau glisse limpide ou bouillonnante, selon qu'elle rencontre une surface plane ou raboteuse.

Impossible de décrire les vagues émotions qui assaillissent l'âme au sommet de ce précipice. — Nous recommandons ce point de vue à ceux que les scènes de la nature ne sauraient trouver indifférents.

Là ne s'arrêtèrent point les travaux hardis de M. de L'Horme : — au-dessous de la grande cascade et au pied du morne que nous venons de décrire, gisait un terrain, envahi par les halliers et couvert de roches énormes. Les débordements de la Rivière-Poirier et les eaux provenant de la cascade le rendaient impropre aux cultures. — Ce terrain fut défriché et débarrassé par des travaux de mine de ces roches; un canal en maçonnerie sèche conduisit les eaux dans le lit de la rivière, qui à son tour fut refoulée contre l'écorce supérieure par l'exhaussement du terrain opposé. Un chemin habilement ménagé, bordé de chaque côté d'une rangée d'arbres exotiques, fut ouvert pour descendre dans le vallon, où M. de L'Horme fit planter une belle allée de palmistes.

Ce site est un de ceux qui offre le plus de charmes au point de vue méditatif: sa solitude, sa physionomie particulière, le bruit de l'eau, la fraicheur qu'on y respire, tout dispose aux plus délicieuses impressions. — Hélas ! qui pourrait le croire, si de tristes souvenirs ne l'attestaient, ce vallon si paisible, qui

semblerait n'avoir été créé que pour attacher davantage l'homme
à la vie par le charme d'une nature pleine d'attrait et d'animation, fut cependant la sanglante arène où plus d'un généreux
sang macula l'herbe que la rosée et de douces larmes auraient
dû se des fertiliser... Que dis-je?... les palmiers eux-mêmes
portent sur leur tronc la meurtrière empreinte de la balle
homicide, tandis que leur vert panache se balance dans les airs.
Ainsi l'on voit flotter au vent l'aigrette ondoyante du guerrier
valeureux, malgré la blessure mortelle qui a déchiré son sein.

Mais écartons ces tristes images, et pour qu'aucun vestige ne
reste de ces préjugés barbares, qui s'effacent chaque jour, que
ces palmiers mutilés cessent d'en rappeler le déplorable souvenir et d'insulter, en quelque sorte, par leur présence aux
mœurs pacifiques et généreuses de notre ère de civilisation et
de progrès humanitaires.

M. de L'Horme marqua la trop courte durée de son passage
au Jardin-des-Plantes par une impulsion dont les effets ne
s'arrêtèrent point à de simples décorations. Il avait compris le
véritable but de l'établissement: augmenter et multiplier les
richesses acquises. Il donna donc une grande extension aux
cultures, se livra à des semis et créa des pépinières afin de répandre et de propager dans la colonie les meilleures espèces.
— Les marcottes, les greffes furent l'objet de tous ses soins.

Les catalogues des plantes cultivées au jardin botanique
établis par ses prédécesseurs laissaient beaucoup à désirer.
C'était une simple nomenclature alphabétique des végétaux avec
indication de leur provenance; M. de L'Horme eut le mérite de
former un nouveau catalogue d'après le système de Linnée et
la méthode de Jussieu, où il classa selon les trois grandes divi-
sions de la science et en quinze classes, avec leurs noms scientifiques et vulgaires, tous les végétaux existant au jardin. Ce
catalogue, qui valut à son auteur une honorable distinction,
porte la date du 1er juillet 1829. Il comprend mille trente-six
genres et espèces de plantes, nombre qui excède de soixante et
quelques celui des végétaux recensés par M. Rolland Le Grand,
lequel s'élevait à neuf cent soixante-quatorze, ainsi que nous
l'avons constaté précédemment.

M. de L'Horme obtint aussi les étiquettes métalliques qu'avait demandées M. Artaud et commença le numérotage et la classification, espèces par espèces, des plantes cultivées au jardin botanique, travail d'ordre et d'une nécessité indispensable, non seulement dans l'intérêt de la science, mais essentiel encore pour l'instruction publique et l'agrément des amateurs.

Des intérêts engagés dans le commerce contraignirent M. de L'Horme à renoncer, le 6 janvier 1833, à la direction de l'établissement dont il s'était occupé avec un intérêt si éclairé. La confiance qu'il avait su inspirer à l'autorité supérieure, et la considération dont il jouissait à tant de titres, donnèrent un grand poids à ses recommandations en faveur de M. Célestin Desravinières, jardinier en chef, sous ses ordres, qui fut appelé à le remplacer.

Celui-ci, homme pratique et intelligent, n'eut qu'à suivre les errements de son bienfaiteur et de son maître dans la science botanique.

Les habitants de la campagne, et principalement ceux de St.-Pierre, se souviendront longtemps du zèle et de l'urbanité de M. Desravinières, qui se montra constamment empressé à satisfaire aux obligations de sa charge et à répondre à leurs desirs toutes les fois qu'il s'agissait d'un renseignement utile, ou d'obtenir des plantes ou semences dont ils avaient besoin.

Les soins de ce jardinier-directeur s'étendirent particulièrement sur tout ce qui pouvait contribuer à augmenter les richesses du jardin. — Il s'attacha à améliorer par la greffe nos arbres fruitiers et à multiplier les productions du règne végétal exotique. Il entretenait constamment de grandes pépinières où l'on venait puiser sans réserve de tous les points de la colonie. C'est à M. Desravinières que nous devons la multiplication du ficus elastica (caoutchouc) ou gomme élastique, dont un seul pied de cet arbre précieux existait au jardin.

Lorsque la colonie fut sur le point d'être dotée de la riche industrie sérigène, M. Desravinières fit des plantations importantes du murier multicaule des Philippines et parvint en peu de temps à être en mesure d'en répandre de nombreux plants dans la colonie.

Enlevé, le 21 février 1839, par une mort prématurée, M. Célestin Desravinières, nous pouvons le dire sans crainte d'être démenti, a laissé de justes regrets parmi ceux qui furent à même d'apprécier le zèle intelligent et l'activité avec lesquels il dirigea pendant six ans un établissement utile au pays.

Dès 1838, et par un arrêté du 3 octobre, M. le contre-amiral comte de Moges, gouverneur de la colonie, jaloux de donner à la Société d'agriculture et d'économie rurale de la Martinique un éclatant témoignage de ses sympathies et de sa confiance, plaça le Jardin colonial des Plantes sous sa haute inspection. — Un an environ après la mort de M. Desravinières, la conduite des travaux de l'établissement, qui avait été provisoirement laissée à M. Mancet, lui fut retirée; et par un nouvel arrêté du 1er janvier 1840, le Jardin-des-Plantes fut définitivement confié à la Société d'agriculture, avec la faculté de charger un ou plusieurs membres de sa section de botanique ou d'horticulture de sa direction.

La Société s'empressa de désigner pour occuper ces fonctions son vice-président, M. Victor Segond, qui reçut son investiture de Directeur-Botaniste par un arrêté du 15 janvier 1840, de M. le comte de Moges.

Il ne sera pas sans quelque utilité, peut-être, dans cette œuvre consacrée à reproduire et à coordonner tout ce qui se rattache au Jardin-des-Plantes, de rappeler les principales dispositions des arrêtés des 3 octobre 1838 et 1er janvier 1840.

Ces actes témoignent trop hautement, d'ailleurs, des nobles pensées de bien public dont était animé M. l'amiral de Moges, pour que nous les passions sous silence.

L'article 1er de l'arrêté du 3 octobre 1838, en posant en principe la nécessité d'obtenir immédiatement du Jardin-des-Plantes de Saint-Pierre tous les avantages qu'on peut s'en promettre dans l'intérêt de la colonie, soit pour suivre des essais en grand, soit pour favoriser la connaissance des meilleures méthodes d'horticulture, soit enfin pour répandre dans l'île les plantes et arbres exotiques utiles, acclimatés en grand nombre depuis plusieurs années et qui pourraient l'être plus tard, dispose que cet établissement est placé sous la haute inspection de la Société d'agriculture, qui pourra y suivre tous les essais qu'elle croira utile dans l'intérêt de l'agriculture locale.

L'article 2 autorise le jardinier botaniste à recevoir comme travailleurs dans ledit jardin et à instruire dans son art les personnes qui voudraient s'y livrer.

L'article 3 affranchit cet apprentissage de toute rétribution, sous la condition que les personnes qui y seront admises seront employées aux travaux de l'établissement sous la direction du jardinier en chef.

L'article 4 règle le prix des plantes, semences et arbres élevés ou greffés dans le jardin.

L'article 5 applique le montant des ventes de ces végétaux aux dépenses d'entretien, achats d'outils et aux salaires des ouvriers employés extraordinairement. Le dernier § de cet article dispose que les ventes ainsi que les envois de plantes à l'étranger ne pourront avoir lieu sans l'agrément du Président de la Société d'agriculture.

Enfin l'article 6 stipule que la partie du jardin où se cultivent les plantes rares sera convenablement isolée et qu'il sera pris des mesures de police pour prévenir désormais toute dévastation dans l'intérieur de l'établissement, qui doit être protégé et respecté comme la propriété de la colonie et l'un de ses établissements les plus utiles.

L'arrêté du 1ᵉʳ janvier 1849, qui charge définitivement la Société d'agriculture du Jardin-des-Plantes, est ainsi conçu :

Considérant que le jardin colonial de Saint-Pierre n'est pas une promenade publique, mais un établissement botanique, créé à grands frais par nos prédécesseurs, pour favoriser la naturalisation et la culture des plantes et des arbres qui peuvent être utiles à la colonie et devenir une richesse pour elle ;

Que la conduite de cet établissement réclame des connaissances spéciales fort étendues ;

Que, jusqu'à ce jour, il n'a pas atteint sa destination, parce que les soins de l'administration centrale ou même la surveillance officieuse de quelques amateurs d'horticulture ne pouvaient remplacer une direction scientifique locale, disposant de toute l'autorité nécessaire ;

Vu les arrêtés locaux sur la matière, en particulier celui du 3 octobre 1838 ;

Sur le rapport du Directeur de l'administration intérieure,

Avons arrêté et arrêtons ce qui suit :

Art. 1er. Le Jardin-des-Plantes est confié à la Société d'agriculture, qui en aura l'entière direction et en chargera un ou plusieurs membres de sa section de botanique et d'horticulture.

La personne qui remplissait provisoirement les fonctions de jardinier les cessera à compter de la date du présent arrêté.

2. La Société d'agriculture choisira le conducteur ou les conducteurs de travaux dont elle aura besoin, et soldera cette dépense et autres à l'aide de la somme portée au budget pour les gages du jardinier.

Cette somme sera mandatée au nom de celui des membres de la Société d'agriculture qu'elle aura désigné pour diriger le jardin ou des nègres de la colonie continueront à être employés.

3. La société est autorisée, aux termes de l'arrêté précité, à céder au public, d'après un tarif très-modéré qui sera soumis à notre approbation, les articles qui ne pourraient plus être utilement conservés dans les pépinières ou qui existeraient en grand nombre dans le jardin.

Si des ventes de ce genre ont lieu, leur produit contribuera aux dépenses de l'établissement, à la diligence de la Société d'agriculture, qui fera tenir le compte des recettes et dépenses de toute nature, sans pouvoir dépasser l'allocation portée au budget, accrue du produit des ventes dont il vient d'être question. Ce compte nous sera remis deux fois par an (31 décembre, 1er juillet) pour être rendu public.

La société nous fera remettre, aux mêmes époques, une note sur la situation du jardin et sur les principaux travaux qu'elle y dirigera.

4. Le catalogue du jardin sera dressé par les soins de la Société d'agriculture.

(44)

Au moment de la remise du jardin, laquelle aura lieu immédiatement, l'administration fera rédiger, d'accord avec la Société d'agriculture, un état sommaire des lieux et des bâtiments ainsi qu'un inventaire des outils que le jardinier provisoire actuel devra remettre en même temps que ses comptes et tous les renseignements à sa disposition.

5. Le Directeur de l'administration intérieure est chargé, etc.

Ce fut, sans doute, une heureuse pensée que celle de placer sous une direction scientifique supérieure un établissement destiné à féconder l'agriculture locale et nous dirons même l'avenir du pays. Outre les garanties d'une action vigilante et éclairée, l'intervention de la Société d'agriculture dans l'administration intérieure du Jardin-des-Plantes présentait d'incontestables avantages; elle était un symptôme de la considération nouvelle qui se reportait vers les intérêts agricoles de la colonie; puis venait un enseignement, cause précieuse d'émulation et d'attrait, effaçant insensiblement dans l'esprit de notre population le préjugé funeste qui l'éloigne des travaux de la terre, envisagés jusqu'ici comme le partage exclusif de l'esclave.

Au point de vue matériel, au point de vue moral, l'on ne peut que rendre hommage aux intentions élevées et bienfaisantes qui se révèlent dans les dispositions des arrêtés de M. le comte de Moges, que nous venons de citer.

L'homogénéité de vues de la Société d'agriculture, le zèle patriotique et désintéressé avec lequel elle accepta la haute mission qui lui fut donnée et les généreux efforts qu'elle ne cessa de faire pour se montrer digne des témoignages de cette confiance, nous imposent le devoir de généraliser les améliorations obtenues sous l'habile direction de chacun des membres de sa section de botanique, qui furent appelés successivement à diriger les travaux du Jardin-des-Plantes. Nous nous bornerons, seulement, à faire connaître la période pendant laquelle chacun d'eux exerça l'emploi de Directeur-Botaniste, en laissant au public éclairé et aux hommes de bonne foi l'impartiale appréciation du mérite de leurs œuvres personnelles.

M. Victor Segond, à qui revient l'honneur de la pensée créa-

trice de la Société d'agriculture et d'économie rurale de la
Martinique, nommé ainsi que nous l'avons déjà dit à ces fonctions le 15 janvier 1840, les conserva jusqu'au 1er mai 1841 et
fut remplacé par M. Artaud, qui les remplit avec le même
discernement et la même habileté qu'avant, pendant plus de
deux ans. Il fut remplacé, le 1er août 1843, par M. Verger,
botaniste aussi distingué qu'amateur passionné d'horticulture.
Tout le monde sait dans quel état de prospérité ce dernier
Directeur maintint l'établissement dont il s'était chargé au
même titre que ses collègues, c'est-à-dire sans émolument
aucun.

Le département de la marine ayant pourvu à l'envoi d'un
jardinier-botaniste à la Martinique, M. Charles Barillet, an-
noncé par dépêche ministérielle du 21 juin 1844, a été nommé
par un arrêté de M. le Gouverneur de la colonie, du 8 janvier
1845, Directeur du Jardin-des-Plantes de la Martinique.

L'article 2 de ce dernier arrêté prononce l'abrogation de
celui du 1er janvier 1840.

Avant d'analyser succinctement ce qu'ont fait, dans l'intérêt
du Jardin-des-Plantes, les délégués de la Société d'agriculture
à la direction de l'établissement, nous nous empressons de
constater que les travaux entrepris par M. Barillet nous paraissent de nature à procurer d'essentielles améliorations et
lui méritent les plus justes éloges.

Pour récolter, dit un vieil adage, il faut semer ; nous ajou-
terons-nous, que pour semer et pour récolter, il faut disposer,
amender et fertiliser le sol que l'on veut cultiver. — C'est
précisément ce qu'a fait M. Barillet ; après avoir étudié la
nature et le climat, et s'être livré à des défrichements indispensables, il a analysé les parties constituantes des terrains,
constaté leur épuisement et leur appauvrissement par des cultures antérieures ; ensuite il a fait usage des labours profonds
et des défoncements, que la théorie et la pratique s'accordent
à placer au premier rang des amendements.

Les carrés réservés à des cultures spéciales, à des essais et à
des expérimentations, ont été disposés de manière à recevoir et
à réunir sous un système raisonné de classification tous les
végétaux utiles et agréables.

Une clôture, réclamée depuis longtemps par tous les Directeurs, ferme aujourd'hui l'enceinte réservée; elle présente le double avantage : 1° de protéger d'une manière efficace les plantes et les arbustes délicats contre la violence des vents, en leur opposant un obstacle qui les brise, les divise et en amortit l'effet; 2° de soustraire de précieuses plantations aux dangers des indiscrétions et des dilapidations journalières, qui ont pour résultats de rendre impossible tout essai et toute expérience de culture et de priver ainsi le public raisonnable et le véritable amateur de l'agrément et des jouissances qu'offre un jardin botanique, proprement dit. — Des améliorations, des études et des travaux préparatoires aussi essentiels, ne s'improvisent pas, surtout, quand les moyens d'exécution sont si restreints et les bras si inintelligents. — On comprendra dès-lors que les sacrifices de temps, les pénibles labeurs, quand le zèle, l'activité et l'amour de la science et surtout lorsque les connaissances spéciales ne font pas défaut, doivent être mis en ligne de compte dans l'appréciation que le public, toujours empressé de jouir et par cela même quelquefois injuste, est appelé à faire des œuvres d'un horticulteur émérite, que d'honorables antécédents recommandent, d'ailleurs, à la bienveillance et à l'intérêt des habitants de la colonie.

Qu'il nous soit permis, sans pour cela nous écarter de notre sujet, de dire un mot sur la Société d'agriculture et d'économie rurale, fondée à la Martinique le 29 juillet 1838 (1).

Cette œuvre de courage, de patriotisme et d'intelligence avait pour but d'inspirer à toutes les classes de notre population une émulation salutaire, de favoriser toutes les améliorations dont est susceptible notre agriculture locale, encore dans l'enfance ; de signaler les conquêtes des arts et de l'in-

(1. C'est un hommage que nous croyons devoir rendre aux quinze fondateurs de la Société d'agriculture en les désignant nominativement ici : MM. le contre-amiral comte de Moges, gouverneur de la Martinique; le colonel Rostoland, aujourd'hui maréchal-de-camp, commandant militaire; Auguste Pécoul, Victor Segond, Arnoul, Gausset, Brière de l'Isle, Dariste, Gustave, Dapeyrat, Adrien Eymn, Hue, Le Pellet et Du Clary, Richard de Lucy, Peyraud et Vautor Desroseaux.

dustrie que les colonies so..t appelées à s'approprier ; de se livrer à tout ce qui est de nature à faire mi ux connaître notre pays et les sources de richesses si variées qu'il renferme ; de répand e parmi toutes les classes de la société les lumières qui adoucissent les mœurs, rectifient les erreurs anti-sociales et transforment l'homme grossier, paresseux et insubordonné, en citoyen utile, paisible et laborieux ; de créer enfin un centre d'examen et de recherches de toutes les questions susceptibles d'améliorer et de multiplier nos ressources agricoles ; d'établir des relations entre les colonies afin de faire cesser cet isolement que l'on peut assigner comme une des principales causes du peu de progrès qu'elles ont fait sous plusieurs rapports ; de former ainsi, par un échange mutuel de la pensée, ces liens intellectuels qui unissent d'une manière indissoluble les sociétés, les cités et les nations elles-mêmes.

La société fit choix pour son Président d'un de ces hommes d'élite, que leur mérite personnel autant que leurs vertus civiques placent au premier rang parmi ceux que les contrées qu'ils honorent sont heureuses et fières de compter au nombre de leurs enfants.

Et en cela, elle fit preuve d'un judicieux discernement ; car les institutions, comme les hautes fonctions publiques, empruntent leur principal éclat de la capacité qui distingue les hommes placés à leur tête, aussi bien que de la considération personnelle dont ils sont environnés.

Et certes, si la Société d'agriculture de la Martinique, malgré les germes de prospérité qu'elle recelait, s'est pour ainsi dire éteinte par les obstacles qui en ont paralysé l'essor et le développement, on peut, en grande partie, en attribuer la cause à l'absence de son digne Président, M. A. Pécoul qui, par la prépondérance de sa position sociale, l'influence de ses relations et les sympathies qu'il avait su réveiller au-dehors, donnait un si grand relief et imprimait une impulsion si féconde à cette utile institution.

Des encouragements de toutes sortes, des primes accordées de ses propres deniers à des cultivateurs laborieux, des réunions publiques, où venait siéger le premier chef de la colonie, la

publicité donnée par la voie de la presse aux actes de la société.
tels furent les moyens employés pour faire prévaloir ses saines
doctrines et ses patriotiques vues. — En peu de temps ses
relations p irent une extension remarquable ; la Martinique
devint le centre où aboutissaient les riches produits des points
les plus éloignés du globe. du Chili, de l'Egypte, et jusques des
mers de l'Inde. — Les sociétés savantes de l'Europe, les colonies françaises et étrangères, saluant cette ère de rapprochement intellectuel et de progrès, échangeaient, à l'envie, des
communications du plus haut intérêt.

Un champ d'expérimentation avait été accordé à la Société d'agriculture ; le Jardin-des-Plantes recueillait les dons précieux arrivant de toutes parts et les répandait avec largesse
dans la colonie.

Aussitôt après le décès de M. Desravinières, la Société
d'agriculture s'empressa d'intervenir pour que l'administration
ainsi que les travaux du Jardin-des-Plantes, qui avaient été
fort négligés pendant la maladie de ce Directeur, n'eussent pas
à souffrir dans ces premiers moments, surtout, de l'absence
d'une surveillance immédiate et directe, qui ne sauraient,
sans inconvénient, faire défaut à un établissement de ce
genre. — Aussi, pensons-nous, que l'adjonction d'un sous-
jardinier ou même d'un conducteur de travaux, capable de
remplacer le Directeur du jardin en cas d'absence momen-
tanée ou de maladie, est de toute nécessité : en formant des
élèves, on pourrait facilement avoir sous la main un sujet pos-
sédant les connaissances pratiques nécessaires pour suppléer,
au besoin, le jardinier en chef, indépendamment qu'il lui serait d'un grand secours, en le secondant utilement dans la
direction et la surveillance journalière des travaux.

Le successeur provisoire de M. Desravinières, M. Mancet,
homme assez entendu, mais sans énergie et sans action sur
l'atelier, avait laissé s'introduire l'indiscipline et le désordre,
d'où naissent presque toujours les abus. L'entretien et les
travaux du jardin s'en étaient ressentis.

Dès que la Société d'agriculture fut définitivement chargé
de l'établissement, un changement rapide se fit remarquer

dans sa tenue et le public de bonne foi s'empressa d'applaudir au zèle actif, intelligent et désintéressé de ses délégués à la direction du Jardin-des-Plantes.

Le rétablissement de l'ordre, le retour de l'atelier à une discipline ferme et régulière, une plus grande activité dans les travaux furent les premiers fruits de la surveillance exercée par la société.

Non seulement les nombreuses avenues et les allées du jardin furent maintenues dans un état de propreté et d'entretien qui ne laissait rien à désirer, mais encore les plantations de toutes espèces se ranimèrent sous l'influence des soins et des amendements donnés à leur culture et à leur terre. — Les végétaux languissants et négligés furent taillés, émondés et débarrassés de leurs rameaux morts, des herbes qui croissaient à leurs pieds, de la mousse et des lichens qui couvraient leurs tiges ; on les vit alors se couvrir d'un feuillage nouveau et de fleurs, dont les couleurs vives et fraîches annonçaient qu'ils avaient pris une vigueur à laquelle ils n'étaient pas accoutumés depuis longtemps.

Plusieurs arbres presque morts furent pour ainsi dire ressucités : le seul camphrier qui existât au Jardin-des-Plantes avait séché sur pied ; cependant des racines semblaient renfermer encore un reste de sève, les soins multipliés qui lui furent portés amenèrent deux ou trois drageons : ceux-ci ayant été marcotés, on eut la satisfaction quelques mois après d'en sauver un qui présente aujourd'hui un fort joli camphrier, au moyen duquel on pourra multiplier ce précieux végétal, originaire de Sumatra.

On vit bientôt après les canaux du jardin dégorgés ; les bassins et le grand vivier nettoyés ; les jets-d'eau rétablis ; les eaux courantes et jaillissantes arriver à leur destination et ranimer par leur mouvement, leur fraîcheur et leur pureté, un séjour qui, peu de temps auparavant, était l'image d'une ruine abandonnée.

La maçonnerie qui supporte la vanne du vivier Donzelot était dégradée et laissait échapper l'eau au détriment des allées d'en bas, cette maçonnerie fut solidement réparée de fond en

comble et alors la nappe d'eau de ce grand réservoir put reprendre son niveau primitif et conséquemment toute son étendue. Les allées qui sont au-dessous cessèrent d'être des bour-
biers.

La rampe de la principale allée qui conduit à la maison du
Directeur était trop rapide ; elle avait été profondément sillonnée par les eaux pluviales et ne présentait plus que des aspérités formées par les angles saillants des roches mêlées à son
terrain ; l'accès du plateau supérieur était difficile et même
dangereux à la descente ; à l'aide d'un système fort simple de
chaînes de pavés en long et en travers, garnies de terre dans
les carrés, cette rampe reçut une pente plus douce, plus régulière et une surface unie, dont les habitués du jardin surent
apprécier la commodité.

Le mauvais état de la case à manioc obligeait depuis longtemps les noirs du jardin d'aller faire leur farine chez les habitants voisins, ce qui pouvait être une occasion de désordre ;
la société, sur les fonds de l'établissement, fit réparer ce bâtiment et le fit garnir de tous les ustensiles nécessaires, tels
que platine montée, grages, baille, sacs à presser et ébichets, etc.
Par ce moyen, elle fixa dans le local cette branche d'industrie
si précieuse aux nègres de la campagne et enleva ainsi à ceux
du jardin tout prétexte d'aller passer la nuit dehors.

Des meubles vitrés dépendant de l'ancien ameublement des
précédents Directeurs avaient été mis hors de service faute de
soins et d'entretien et gisaient abandonnés sous un hangar.
Ces meubles furent réparés à neuf et replacés avec un nouveau vitrage dans la maison du jardin pour servir de biblio-
thèque et d'armoire pour y renfermer divers objets d'histoire
naturelle, des graines et semences, des substances végétales et
minérales pour la formation d'un muséum que la société se
proposait d'établir.

Par suite de ce projet, et pour compléter l'ameublement
nécessaire à l'installation du muséum, elle fit abattre et scier
un vieil acajou (cedrela-odorata) dont les racines obstruaient
en partie le cours de la Rivière-Poirier ; le bois de cet arbre, soigneusement débité, fournit bon nombre de belles planches et

antres pièces de diverses dimensions : une partie fut emp'oyée à la construction de la charpente d'une très-grande volière qui, plus tard, devait être monté en face de la maison, et former, lorsqu'elle aurait pu être pourvue de nombreux volatiles, une des plus jolies pièces de l'établissement ; le reste du bois devait être employé à la construction du muséum projeté.

On regrettait de ne point voir au jardin colonial des plantes ni vases, ni ornements, pareils à ceux dont les plus simples particuliers décorent leurs parterres. Ce regret ne fut pas de longue durée : les bords du grand escalier furent ornés de deux lions en faïence bleue et de deux cent cinquante vases à fleurs de grandeur différente et de forme élégante, distribués sur les murs, terrasses et le long des allées.

La maison principale était complètement dépourvue de meubles à usage ; le jardin manquait d'outils et d'instruments aratoirs, la société d'agriculture sanctionna toutes les dépenses qui furent faites pour se les procurer. Il en fut de même pour un atelier de menuiserie et de ses accessoires, dont l'acquisition eut lieu sur les fonds du jardin.—En un mot tout fut mis sur le pied d'une maison rustique soigneusement entretenue.

Sur la demande de la société, elle obtint de l'administration les améliorations suivantes :

1° La réparation des murs de la maison principale, qui menaçait ruine ;

2° La restauration des cases à nègres, dégradées par le temps et le défaut d'entretien ;

3° La construction d'une magnanerie à la place d'une vieille màsure, qui servait autrefois d'étable et d'écurie ;

4° Celle d'un grand appentis pour la filature de la soie, en remplacement d'un bâtiment entièrement ruiné, servant de cuisine et de remise.

Ces constructions et ces emménagements furent ordonnés, sur la demande de M. Perrottet, par M. le contre-amiral Duvaldailly, notre ancien Gouverneur, près duquel la société d'agriculture de la Martinique trouva constamment l'appui éclairé et bienveillant qu'il ne cessa de témoigner pour les intérêts de la colonie pendant toute la durée de son gouvernement paternel.

Dans l'intérêt de l'industrie sérigéne, et sur la demande de la société, provoquée par M. Bouisset, le département de la marine fit l'envoi d'un appareil de filature. La société reçut aussi un hache-feuille, construit sur un des modèles les plus nouveaux; cet instrument est déposé au Jardin-des-Plantes.

Une plantation assez considérable de mûriers fut faite. La belle végétation de ces arbustes répondit aux soins qu'on en avait pris.

L'espoir de doter la colonie de la riche industrie de la soie ne fit reculer devant aucune dépense. Le gouvernement métropolitain et les représentants du pays accordèrent des encouragements aux héroïques et persévérants efforts d'un homme qui a payé de sa fortune et de sa vie, peut-être, des essais qui n'ont malheureusement pas répondu à de si grands sacrifices. Tout en déplorant le sort du malheureux Bouisset, qui eût pu trouver dans une profession lucrative et honorable une existence paisible et dégagée de ces cruelles épreuves, de ces luttes énervantes qui, tour à tour, font passer de l'espoir d'un succès à une amère déception, pourrions-nous refuser, sans commettre la plus monstrueuse iniquité, un hommage à la mémoire de ce généreux citoyen? non, car il mérita trop bien de la patrie, celui qui lutta corps à corps avec l'adversité pour faire triompher la plus sainte des causes, la conquête d'une industrie nouvelle, qui eût cicatrisé bien des plaies de notre société coloniale, en donnant du travail et du pain à ceux qui n'en ont pas. Arrière donc les froids calculs de l'égoïsme, les lâches regrets de quelques sacrifices d'argent, alors qu'un noble but pouvait être atteint !....

Bouisset, on eût tressé des couronnes pour en ceindre ton front, les honneurs et les hommages t'eussent environné, si le sort eût été moins cruel envers toi, si le succès eût sanctionné tes patients et courageux efforts! que tes mânes soient consolés! Il est une récompense plus belle, une plus brillante couronne pour les bienfaiteurs de l'humanité, couronne immortelle, dont l'opinion du jour ne saurait ternir l'éclat : l'impartial jugement de la postérité, qui incruste dans la mémoire des peuples le nom des hommes de bien qui, comme toi, succombent dans la poursuite et la recherche d'un problème, dont la solution intéresse l'avenir des sociétés ; témoignage éclatant d'équité et de reconnaissance qui fait retentir leur nom à travers les âges.

Etroitement lié par sa destination à la prospérité de toutes nos industries coloniales, le Jardin-des-Plantes, grâce aux relations entretenues par la société d'agriculture, s'enrichit des productions les plus intéressantes et les plus variées des diverses régions du globe !

La correspondance de la société avec Cayenne lui procura, par l'entremise de M. de Kerkowe, qui a doté la Guyane de cette riche culture, le Palmier d'Afrique, *Aoura pays nègre* (1) dont on obtient l'huile de palme si renommée, le Sagoutier de Madagascar, celui de l'Inde, ou *Tycas-Circinalis*, le *Paripou*, le *Mokaïa*, le *Comon*, le Bache, deux espèces d'*Etréquiers*, etc.

Des plantes et des semences d'arbres divers : l'Ébène verte (*Bignonia Leucoxilon*), le *Conanan*, le *Jaune d'OEuf* (Crysophillum oviferum), le vrai Simarouba officinal (Quassia-Simarouba), le Tonca du Para (Bertoletia-Excelsa), grand arbre à semences oléifères, le Karapa, de la Guyane, autre arbre à semences oléifères et qui peut se multiplier, aussi bien de bouture que de graine, l'Indigo de Guatimala, le Café de la Montagne-d'Argent.

La société obtint de Bourbon, par l'entremise de M. Dupuy, pharmacien de la marine à la Basse-Terre (Guadeloupe), entre autres semences dont quelques-unes ont réussi, le vrai Copalier de Madagascar (Hymœnea-Vermola), l'Indigo de l'Inde, l'Andansonia, gros arbre et l'Imbricaria, de Madagascar, la Poinciana Régina, dit le Flamboyant, de Bourbon, le Terminalia-Benzoin.

De la côte d'Afrique, par M. le comte de Moges, une espèce de Panic, dont l'épi gros, long et très-dense, est rempli de millet de très-bonne qualité, quoique petit. Ce Panic est différent de celui connu dans la colonie et qui existait au jardin.

(1) Voir dans les annales de la société d'agriculture de la Martinique, page 533, année 1840, la notice sur le palmier oléifère d'Afrique par le général Louis Bernard.

D'Haïti, par l'entremise du consul de France, le Café de Saint-Domingue et une nouvelle espèce de graminée propre à la nourriture des bestiaux.

De l'Egypte, par l'intervention du Ministère de la marine auprès du Vice-Roi de cette contrée et à la demande de M. le contre amiral de Moges, des plants de Café de l'Yemen et des Cannes de la haute Egypte.

Les plants de Café ayant considérablement souffert, dans le long trajet de l'Yemen à la Martinique, ont péri, la majeure partie pendant la traversée et les trois seuls pieds qui avaient survécu sont morts peu de temps après leur arrivée, malgré les soins qui leur furent prodigués. Mais les Cannes, quoiqu'elles eussent aussi beaucoup souffert, ont réussi et des plants ont pu être distribués à la campagne.

De la même provenance et par l'entremise de M. Billecoq, Directeur de l'administration intérieure à la Guadeloupe, un sac de Café en cerises de la montagne de Ghamid, dans le haut Nedja (en Arabie).

Ce Café fut répandu avec profusion entre les mains des habitants de la Guadeloupe et de la Martinique. Lorsqu'il parvint à la société d'agriculture, il y avait plus de six mois qu'il avait été cueilli et le principe de la germination était éteint dans presque toutes ces semences. D'après des renseignements obtenus de M. Billecoq, pas une seule de ces graines n'a levé à la Guadeloupe. Plus heureuse, la Martinique a obtenu cinq pieds de ce Café, dont trois ont poussé sur l'habitation de M. Artaud, sise au Morne-Rouge, hauteurs de Saint-Pierre, et deux autres sur la propriété de M. Philippe Lamareanne, située entre la ville de Saint-Pierre et la commune du Prêcheur.

Un de ces derniers pieds a été offert à M. Bouisset, président de la société d'agriculture ; et au mois d'octobre 1842, il était en pleine végétation dans son jardin de la nouvelle cité, à St.-Pierre.

Vers la fin de 1842, la société reçut, par la gabare la *Prévoyante*, des semences de Café provenant de Moka, par la même voie ; il lui fut expédié par le comité d'agriculture de Bourbon une collection nombreuse de semences et d'arbres précieux parmi lesquels se trouvaient notamment le Litchi, le Mangoustan et diverses mangues greffées.

De la Havane et de la Virginie, la société d'agriculture reçut des graines de deux espèces de Tabac de ces noms, qui, répandues à la campagne par ses soins, donnèrent les plus belles espérances dans plusieurs communes de la colonie, notamment au Gros-Morne et au François, où ce Tabac fut cultivé avec succès.

Par suite d'autres envois du même genre, diverses autres espèces de Tabac ont été introduits dans les cultures du Jardin-des-Plantes.

De Curaçao, par la généreuse bienveillance de M. le baron Van-Raders, gouverneur de cette colonie, et membre honoraire de la société, elle obtint des graines d'un Cotonnier d'Otaïti à fleurs d'un rouge très-foncé, produisant toute l'année, et le vrai Nopal-Cochenilifère, dit Nopal velouté (Cactus-Mamela), accompagné d'une notice sur la culture de cette plante, sur l'éducation et la récolte de la Cochenille.

Plus tard cet honorable correspondant, dont nous citons ici le nom avec respect et reconnaissance, fit parvenir à la société d'agriculture l'insecte de la véritable cochenille du Mexique, sur d'autres pattes du même nopal, qui la conservèrent bien vivante. Deux générations successives de cet insecte précieux sur les nopals du jardin ont prouvé qu'il réussirait merveilleusement dans les communes de l'île, exposées à de longues sécheresses et conséquemment moins sujettes aux pluies torrentielles qui ont été cause en partie de la disparition de la cochenille du jardin.

Mais si le climat de St.-Pierre paraît peu favorable à l'éducation de la cochenille, il faut dire cependant que la prompte disparition de l'insecte a beaucoup moins tenu à la fréquence des pluies qu'à l'indiscrète curiosité de quelques promeneurs qui, pour juger de la beauté de leur couleur, écrasaient les cochenilles entre leurs doigts (1).

(1) Des essais heureux ont été faits en Algérie pour l'éducation de la cochenille, et ont donné des résultats qui méritent d'être signalés. On sait que la

Enfin un don plus précieux encore, un don vraiment royal fut fait par l'honorable gouverneur, baron Van-Raders, à la société d'agriculture de la Martinique, en 1841. Il consistait en un bélier et deux brebis de race mérinos pur sang; ces jeunes animaux, qui furent transportés à la Martinique, par un brick de guerre hollandais, ainsi que la cochenille, furent confiés aux soins de M. Briére de L'Isle, qui les élève et les fait peupler, à part de son troupeau, dans un îlet de son habitation dite la *Frégate*, au Simon. Ces deux brebis ont fait plusieurs portées et tout dispose à croire que l'on parviendra à multiplier facilement dans la colonie ces animaux précieux dont la toison, extrêmement riche, peut leur être enlevée deux fois par an.

Nous ne passerons pas sous silence l'envoi que l'honorable M. Barrot, habitant de la Guadeloupe, membre correspondant de la société d'agriculture, voulut bien lui faire d'un rucher modèle et d'une ruche de son invention, lesquels furent accompagnés d'un mémoire intéressant sur l'éducation des abeilles d'après sa méthode. La société s'empressa de faire construire au Jardin-des-Plantes dans un emplacement convenable un rucher modèle et des ruchers et d'expérimenter publiquement sur les produits des abeilles d'après les nouveaux errements de M. Barrot.

cochenille qui porte ce nom dans le commerce, à l'état de substance sèche, et qui sert à la fabrication exclusive du carmin, est, à l'état vivant, un insecte de l'ordre des hemiptères, qui vit en parasite sur une plante succulente appelée *Nopal*.

Cette plante a pu être naturalisée dans des terrains appartenant au gouvernement et dépendant de la pepinière centrale; sa fleur, comme celle du nopal, qui croît au Mexique et dans la Vieille-Castille, est de couleur sanguine; son fruit est coloré à l'intérieur d'un rouge violacé très-marqué qui semble contenir un principe de carmin.

La plantation du nopal de l'Algérie a donné sur le pied de 961 kil. 950 gram. par hectare de cochenille sèche et marchande, pouvant se vendre en moyenne 20 fr. le kil. On voit quels beaux profits peut présenter cette nouvelle culture. Ces premiers résultats ont paru si satisfaisants qu'il est question de fonder une nopalerie dans le genre des beaux établissements de cette nature qui existent dans certaines parties de l'Espagne et de l'Amérique du sud.

Le succès couronna ses expériences. La notice de M. Barrot est insérée aux Annales de la société d'agriculture, page 429, année 1842; nous la recommandons aux personnes qui seraient tentées de s'occuper de cette branche intéressante et lucrative de l'économie rurale.

Après avoir introduit dans le Jardin-des-Plantes tous les végétaux qui lui parvinrent des pays étrangers, la société se fit un devoir de les propager et de les répandre dans la colonie. Elle s'attacha principalement à entretenir de nombreuses pépinières. Ainsi elle fut à même de fournir un grand nombre d'arbres, qui ornent aujourd'hui Bellevue, ancienne résidence du gouverneur, les habitations domaniales du Trou-Vaillant et autres. Elle put aussi satisfaire aux demandes qui lui furent adressées des îles voisines. Elle étendit plus loin encore ses distributions: plusieurs collections de plantes choisies de l'Inde et du pays furent adressées au Museum d'histoire naturelle de Paris. Un envoi considérable des mêmes végétaux fut dirigé sur le Jardin-des-Plantes de Toulon, à l'adresse de M. Robert, Directeur de cet établissement. Pareille collection à la société d'agriculture et de commerce de Caen ; à la société industrielle d'Angers ; à l'école de médecine de Brest et à divers jardins particuliers de la Métropole, dont les Directeurs s'étaient mis en relation avec la société, et dans l'Algérie.

Aux termes de l'art. 3 de l'arrêté du 1ᵉʳ janvier 1840, la société d'agriculture était autorisée à céder au public, d'après un tarif modéré, les arbres et plantes qui ne pourraient plus être utilement conservés dans les pépinières ou qui existeraient en grand nombre au jardin. — Le produit de ces ventes était destiné à concourir aux dépenses de l'établissement. — Le compte en a été rendu public dans les Annales de la société.

Conserver, améliorer et vivifier, tel fut l'objet constant des efforts de la société d'agriculture. — Pour atteindre ce but, ses délégués au Jardin-des-Plantes s'occupèrent sans relâche de la multiplication et de l'amélioration des espèces, au moyen du renouvellement des semences, des marcottes, des boutures et des greffes.

L'état prospère dans lequel fut maintenu le jardin pendant

(58)

les cinq années que dura l'administration de la société d'agriculture, est de notoriété publique et nous dispense d'entrer dans de plus grands développements et de faire d'autres preuves pour établir combien son intervention fut profitable à cet établissement. L'étendue des relations de la société d'agriculture et l'autorité dont elle disposait, devaient, en effet, exercer une influence féconde sur la prospérité du Jardin-des-Plantes et par suite réagir puissamment sur l'agriculture locale.

ANALYSE *du mémoire de* MM. GUÉRIN-MÉNEVILLE *et* PERROTET *sur l'insecte et le champignon qui ravagent les cafiers aux Antilles.*

Nous avons pris l'engagement au début de cet écrit de nous livrer à l'analyse de l'intéressant mémoire de MM. Guérin-Méneville et Perrotet, publié à Paris en 1842, sur l'insecte et le champignon qui ravagent les cafiers aux Antilles (1).

(1) Les moyens et les procédés indiqués par M. Perrotet pour détruire la race d'insecte si nuisible aux caféyères, ont été publiés dans les Annales de la société d'agriculture et d'économie rurale de la Martinique, page 529 du 2ᵉ volume, année 1841.—Ces procédés ont été l'objet d'observations fort judicieuses de la part de M. Artaud qui fut chargé d'examiner et de donner son avis sur le contenu de la lettre adressée le 20 mai 1841 par M. Perrotet, alors dans la colonie à M. Auguste Pécoul , président de la société.—Les observations miscroscopiques antérieurement faites par Mme Théodosie Rivoire, et constatées par M. Artaud, se trouvent conformes à la description qu'a faite le savant entomologiste de France de la noctuelle mineuse du cafier. — Nous recommandons à ceux qui seraient curieux d'étudier l'histoire du cafier et de suivre toutes l s phases de la culture de cette plante dans les colonies occidentales, et particulièrement à la Martinique, de consulter les Annales que nous venons de citer; elles contiennent d'importants travaux et d'utiles enseignements pour les cultivateurs. — Nous extrayons de la notice remarquable de M. Artaud ce qui est relatif aux insectes si nuisibles aux cafiers.

« Jusqu'à ce jour, les espèces d'ennemis auxquels ces arbrisseaux paraissent » livrés sont pour nous, au nombre de quatre : deux lépidoptères nocturnes » et deux coléoptères. Ils sont fort petits. Nous devons une partie de ces dé-» couvertes intéressantes aux patientes investigations microscopiques de Mme » Rivoire, membre correspondant de la société d'agriculture, notre digne et » estimable collaboratrice.

» Indépendamment des observations que nous eûmes l'avantage de faire en-

Avant de satisfaire à cette partie du programme de notre publication, et pour mieux faire ressortir le but que nous nous sommes proposé, qui, non seulement a pour objet de faire connaître avec certitude la cause d'une publique calamité, mais encore d'indiquer les moyens d'en atténuer les effets ou de faire cesser cette cause en la combattant avec non moins d'énergie que de persévérance, nous avons pensé que pour rendre plus frappante l'urgence de remédier au mal, il fallait en constater publiquement les progrès et l'étendue.

Nous mettrons donc ici sous les yeux de nos lecteurs le chiffre comparatif de l'exportation du café pendant une période de trente années. Les résultats que présente la comparaison des relevés faits sur les documents rédigés par la direction des douanes, qui offrent toute garantie d'exactitude, permettent de suivre la marche décroissante de la production en même temps qu'elle est une preuve palpable de la détresse qu'éprouve cette branche de notre agriculture locale, d'autant plus importante que le cafier appartient aux régions équinoxiales et

» semble chez l'honorable président de la société, à la *Montagne*, Mme Ri-
» voire a eu la bonté de mettre à notre disposition une partie des insectes
» qu'elle avait recueillis sur les cafiers. Trois d'ent'reux vivent au dépens des
» tiges de l'arbuste, le quatrième dans ses feuilles. Parmi les trois premiers
» se trouve une scarite et un cossus qui se nourrissent de l'écorse, l'autre est
» une vrillette (byrrus) qui pénètre dans le bois, et le crible de trous ronds
» imperceptibles à l'œil nu.
» Mais le plus petit des hôtes du cafier, le plus dangereux de ses ennemis,
» sans contredit, le seul enfin à l'action lente duquel nous puissions raison-
» nablement attribuer le marasme, la langueur et la mort de la plante, c'est
» la larve applatie et extrèmement petite d'une noctuelle mineuse, qui se
» nourrit de la substance par enchymateuse des feuilles. Logée entre les deux
» épidermes de cet organe essentiel, elle le couvre de taches livides, dévore
» les fibres intérieures, absorbe la sève, obstrue les canaux circulatoires, dé-
» truit le jeu des ressorts, empêche conséquemment l'inhalation et l'exhala-
» tion des gaz propres à la nutrition de la plante. Ces feuilles, bientôt ré-
» duites à l'état d'un parchemin transparent, tombent et sont successivement
» remplacées par d'autres qui ne tardent point à subir le même sort. La vé-
» gétation s'épuise à fournir à ce travail infructueux, et l'arbrisseau succombe
» après une lutte plus ou moins courte. »

qu'il n'a point de rival à redouter sur le continent européen.

Les quantités en kilogrammes de café, du crû de la colonie, exportées depuis trente ans, de 1817 à 1846 inclusivement, s'élèvent à.. 16,478,986 k.

Dans ce chiffre ne se trouve point comprise la quantité de café de provenance étrangère, exportée de la colonie de 1817 à 1846, et qui est d'un million quatre-vingt-six mille trente kilogrammes.

Pour suivre la progression de la décroissance de cette denrée, nous diviserons en deux périodes de quinze années, chacune, le total de l'exportation, en faisant ressortir les quantités exportées annuellement.

1817..............................	856,750
1818..............................	734,628
1819..............................	732,980
1820..............................	958,313
1821..............................	635,888
1822..............................	682,683
1823..............................	635,644
1824..............................	950,478
1825..............................	796,516
1826..............................	498,878
1827..............................	1,013,136
1828..............................	831,996
1829..............................	974,645
1830..............................	606,641
1831..............................	379,804

Pour les 15 premières années.......... 11,288,980 k.

1832..............................	611,054
1833..............................	520,076
1834..............................	617,590
1835..............................	298,080

A reporter...... 2,046,800 - 11,288,980 k.

(61)

Report......	2,046,800	-11,288,980 k.
1836........................	462,656	
1837........................	275,675	
1838........................	507,343	
1839........................	241,885	
1840........................	331,314	
1841........................	151,140	
1842........................	384,851	
1843........................	128,160	
1844........................	285,758	
1845........................	93,827	
1846........................	280,597	
Pour les 15 dernières................	5,190,006	
Différence en moins................	6,098,974 k.	

La moyenne annuelle de l'exportation par période quinquennale, ressort aux chiffres ci-après :

De 1817 à 1821.........................	783,712 k.
De 1822 à 1826.........................	712,840
De 1827 à 1831.........................	761,245
De 1832 à 1836.........................	501,891
De 1837 à 1841.........................	301,471
De 1842 à 1846.........................	234,639

La moyenne des quinze premières années est de..	752,599 k.
Et celle des quinze dernières, de..............	346,000

Les calculs que nous venons d'établir constatent mieux que ce que l'œil aperçoit en parcourant nos caféyères délabrées par le fléau dévastateur, le déficit des récoltes.

Si nous prenons pour base, en effet, l'évaluation du rapport consenti d'une livre de café, par pied (ou 0 k. 500 g.), il résulte que la mortalité peut être évaluée, depuis trente ans, à *douze millions* de cafiers ; énorme différence, vide immense dans les récoltes et dans la culture d'une plante qui, en 1789, époque de la plus grande splendeur des caféyères de l'île, occupait à la Martinique 6,123 hectares, tandis qu'aujourd'hui on n'en compte plus environ que 2,000, sur lesquels gisent épars et clair-semés un million et demi de pieds de café, la plupart dans un état affligeant de langueur et de marasme.

La moyenne de la production, en y comprenant la quantité de café consommée dans le pays, qui est de deux cent cinquante mille kilogrammes par an, ne s'élève plus maintenant qu'à six cent mille kilogrammes.

La consommation de la France est de quatorze millions de kilogrammes ; les colonies françaises n'en fournissent que onze cent vingt-sept, l'étranger, le reste. — Le café français paie 66 fr. de droit, le décime compris, à son entrée dans les ports du royaume, le café étranger, 95.

Ces rapprochements viennent confirmer les démonstrations mathémathiques que nous avons faites pour établir la preuve de la décadence de la culture du cafier et la nécessité de recourir aux moyens les plus efficaces pour arrêter les progrès du mal et pour tâcher de faire renaître cette importante culture à la Martinique.

Pour atteindre ce but, il faut que cet arbuste précieux, qui éprouve aujourd'hui l'abandon et l'indifférence, réservés à tout ce que la mauvaise fortune ou le malheur poursuit, soit l'objet de la plus vive sollicitude et des soins les plus persévérants des planteurs ; il faut qu'on livre une guerre sans relâche au ver assassin qui tue nos cafiers ; il faut puiser dans de nouvelles semences les éléments d'une régénération dont on ne saurait désespérer sans avoir épuisé toutes les ressources de l'art et les patientes investigations de la science.

Cette culture, qui fut, pendant un siècle entier, une source de véritable richesse pour les colonies, réclame de puissants encouragements ; et pour qu'elle ne soit pas complètement abandonnée, ce n'est pas assez d'une prime médiocre et d'une diminution de droits insignifiante. Aux grands maux, les remèdes énergiques. Il faut donc que cette prime soit assez élevée pour déterminer l'habitant à former de nouvelles caféyères, avec toutes les conditions de leur ancienne prospérité.

La navigation, dont l'intérêt se lie essentiellement à la prospérité de l'agriculture, trouverait dans une augmentation de produits l'incontestable avantage d'un fret d'encombrement considérable, élément principal de l'extension du commerce maritime, et le fisc, la compensation du sacrifice apparent qu'il aurait fait en supprimant un droit qui affecte la production.

La législature coloniale ferait une œuvre éminemment patriotique en effaçant de son budget les 4 ou 5,000 fr. qui y sont inscrits annuellement au titre des revenus locaux, pour la taxe prélevée, à raison de 18 fr. par mille kilogrammes, sur le café exporté de la colonie. Ce léger sacrifice serait un allégement pour l'habitant caféier et une preuve de sollicitude et d'encouragement bien puissante, si elle y ajoutait en même temps, surtout, la concession d'une large indemnité en faveur de celui qui parviendrait à découvrir un moyen efficace et prompt de délivrer la colonie du fléau qui désole une de ses principales cultures.

Ce ne serait pas au surplus la première fois qu'un pareil exemple de sympathie et de munificence aurait été donné par les pouvoirs délibérants du pays envers ses intérêts agricoles.— Les Annales de la Martinique en fournissent l'éclatante preuve : témoin le million de livres coloniales, voté par le conseil souverain en 1775 pour la destruction des fourmis, dont l'invasion effrayante, dans plusieurs communes de l'île, ruinait les récoltes et occasionnait les plus grands désastres.

Mais revenons à l'analyse du mémoire de MM. Perrottet et Guérin-Méneville.

Pour mieux faire ressortir le mérite de la collaboration de ces deux naturalistes observateurs, aussi distingués dans leur genre, l'un comme agriculteur, l'autre comme entomologiste, nous reproduirons textuellement les passages les plus saillants de leur œuvre, en les faisant précéder des considérations qu'ils ont développées pour justifier leur coopération simultanée.

La brochure de MM. Perrotet et Guérin-Méneville n'ayant pas été publiée dans la colonie, nous pensons que les utiles enseignements que cet écrit renferme ne pourront être accueillis qu'avec intérêt.

« Aucune des connaissances embrassées par l'esprit humain,
» disent-ils, n'est étrangère à l'agriculture, la première de toutes
» les sciences, celle qui a réuni les hommes en société, et l'on
» pourrait dire sans exagération, qu'un agriculteur doit les
» connaître toutes.

» Cependant, comme la vie d'un seul homme ne serait pas
» assez longue pour une pareille étude, il a fallu que plusieurs
» se réunissent afin de former un ensemble susceptible de pos-
» séder, à un degré éminent, toutes les connaissances que la
» science agricole embrasse : de là l'institution des sociétés
» d'agriculture et des sections d'économie rurale, des académies
» savantes, composées d'hommes spéciaux, connaissant cha-
» cun complètement une ou plusieurs des sciences qui con-
» courent à former un véritable agriculteur. De là aussi la réu-
» nion de deux auteurs de ce travail, dont les spécialités diver-
» ses pourront peut-être concourir à éclairer une question
» très-importante pour nos colonies.

» L'entomologie, science hérissée de difficultés que les per-
» sonnes peu éclairées considèrent comme une étude inutile,
» est souvent appelée à rendre des services a l'agriculture. On
» sait qu'une foule d'insectes, sous leurs états de larve, de
» nymphe ou d'insecte parfait, causent de grands dommages à
» nos forêts et à nos cultures, nuisent à la santé de nos bes-
» tiaux, détruisent nos provisions ou détériorent les matériaux
» employés à la construction de nos demeures.

« Combien de fois les agriculteurs praticiens ne se sont-ils
» pas plaints de ces ravages ! combien de fois n'ont-ils pas
» consulté les entomologistes pour savoir le nom et l'histoire
» naturelle d'un ennemi qu'ils ne pouvaient combattre sans
» connaître d'abord ses habitudes et l'époque de sa vie à la-
» quelle il est plus facile de l'attaquer avec quelque chance de
» succès ! souvent ils se sont plaints en vain, et la nature a été
» plus puissante que l'homme. Mais souvent aussi la science
» a combattu victorieusement, et elle pourra encore le faire
» plus efficacement, car elle tend tous les jours à acquérir
» plus de lumières; elle connaît mieux l'organisation des êtres,
» les principales conditions de leur existence, et elle peut

» mieux indiquer celles de ces conditions dans lesquelles il
» est plus facile de détruire les races qui nous sont nuisibles ou
» d'atténuer leurs ravages.

» C'est surtout depuis l'introduction de la méthode naturelle
» dans la classification des insectes que les entomologistes
» sont plus aptes à rendre des services réels à l'agriculture (1).

(1) Le fait suivant que reproduit le n° du 21 février 1847, du journal la *Semaine*, imprimé à Paris, que le dernier packet nous apporte, vient corroborer cette assertion :

« Les récoltes d'olive souffrent beaucoup depuis quelques années de la pré-
» sence d'un petit ver qui se développe dans le parenchyme du fruit, dont
» il fait disparaître presque la totalité de l'huile. M. Guérin-Méneville, si
» avantageusement connu par le succès avec lequel il se livre aux applications
» des études entomologiques à l'agriculture, reconnut, dès le mois d'août
» dernier, que ce ver destructeur n'était autre que la larve du *Dacusoleæ*, et
» qu'il serait possible d'en diminuer, sinon d'en arrêter complètement les ra-
» vages, en faisant hâtivement la cueillette et le broyage des olives.

» Les conseils de M. Guérin-Méneville reposent sur la connaissance des
» mœurs du *Dacus*, qui ne devient insecte parfait, et ne sort de l'olive pour
» opérer la ponte destinée à la multiplication de sa race, que lorsque la ma-
» turation des fruits est complète. D'où il résulte qu'en cueillant et détrui-
» sant les olives avant leur maturité, non seulement on sauve l'huile qui, un
» peu plus tard, serait dévorée, mais encore on détruit la larve et on en em-
» pêche la propagation. Les plus heureux résultats sont déjà venus confirmer
» la justesse de ces indications. Beaucoup de propriétaires des environs de
» Toulon ont fait, cette année, abattre leurs olives avant l'époque habituelle,
» et tous s'en sont applaudis quand ils ont vu que leur récolte d'huile était
» passable, lorsque chez d'autres elle était presque tout-à-fait perdue quel-
» ques jours plus tard. »

A propos d'olivier, nous avons été assez heureux pour voir prospérer sur
notre habitation, située dans la commune du Prêcheur, à une hauteur
moyenne, du bord de la mer, deux oliviers, sur trois jeunes pieds, qui nous
ont été apportés de Marseille, en 1844, par M. Renaud, capitaine du navire
l'*Indiana*. La société d'agriculture a constaté, en 1840, la fructification dans
le jardin de M. Banny, propriétaire à Saint-Pierre, d'un olivier qui s'y est
parfaitement développé. Tout porte à croire que cet arbre précieux aurait des
chances de naturalisation, dans la colonie, si on voulait s'en occuper sérieusement. Il en serait de même de bien des arbres fruitiers d'Europe qui, greffés sur leurs congénères indigènes, pourraient très parfaitement réussir dans
de certaines expositions élevées de la colonie

(68)

» En effet. dans l'état actuel de la science, la place donnée à
» un insecte, dans une classification naturelle, doit résumer
» les points les plus saillants de son organisation et de ses
» mœurs. — Un entomologiste, au courant de la science, doit
» pouvoir indiquer, au moins d'une manière générale, les
» habitudes d'un insecte, son genre de nourriture et la ma-
» nière dont il se métamorphose, dès qu'il a reconnu la fa-
» mille et le genre auquel il appartient. L'entomologie, telle
» que nous l'envisageons, n'est plus simplement une science
» de noms, de systèmes plus ou moins ingénieux ; elle cherche
» à acquérir la connaissance complète de tous les animaux
» articulés sous leurs divers états. Le but définitif de cette
» connaissance, de ces études minutieuses et difficiles, se rap-
» porte au bien-être de l'homme, en lui donnant, d'une ma-
» nière plus ou moins certaine, le moyen de se débarrassér
» des espèces qui lui nuisent et de s'approprier les produits de
» celles qui peuvent lui être utiles. Il est certain qu'un ento-
» mologiste, quelque savant qu'il soit, consulté, pour indiquer
» le meilleur moyen de combattre la propagation de certaines
» espèces, ne peut immédiatement donner ce moyen d'une
» manière absolue, et il montrerait un charlatanisme impar-
» donnable s'il soutenait qu'un tel résultat est possible. — Son
» concours est indispensable pour éclairer l'agriculteur prati-
» cien dans les tentatives qu'il fera afin de combattre ces
» races ; il doit le guider dans ses essais, en lui faisant con-
» naître les diverses phases de la vie des insectes, et parconsé-
» quent le moment où il serait le plus facile de les atteindre ;
» enfin sa science doit empêcher l'agriculteur d'attribuer les
» dégats dont il se plaint à des espèces inoffensives , et de
» perdre un temps précieux en cherchant à les détruire, pen-
» dant qu'il laisse le vrai coupable en paix. »

A l'appui de ce qui précède, les auteurs du mémoire citent
plusieurs exemples qui prouvent combien leur raisonnement
est fondé.

Ils continuent ainsi leur exposé :

« Cette même méthode naturelle fait savoir à un entomolo-
» giste que les insectes ont toujours un ou plusieurs parasites,

» et il doit conseiller de protéger la multiplication de ceux-ci,
» afin qu'ils deviennent assez nombreux pour empêcher la
» trop grande propagation des espèces qui nous nuisent. Enfin
» la connaissance que nous avons des mœurs des insectes
» nous apprend à distinguer ceux qui font leur nourriture de
» certaines races, et peut nous conduire à des applications
» utiles. C'est cette idée théorique qui a fait émettre à l'un de
» nous le vœu que l'on fît quelques expériences pour propager
» en Normandie, sur les pommiers attaqués par le *Puceron*
» *Lanigère*, les Hémérobes et les Coccinelles, dont les larves
» se nourrissent exclusivement de *Pucerons*. On sait que la
» larve de l'Hémérobe a même reçu des naturalistes le nom
» de *Lion des Pucerons*, à cause de la grande destruction
» qu'elle en fait. Pourquoi n'essayerait-on pas d'opposer la na-
» ture à la nature ? pourquoi ne chercherait-on pas à porter
» sur les arbres infestés de Pucerons des Hémérobes et des
» Coccinelles qui, venant à y pondre leurs œufs, prépareraient,
» pour l'année suivante, des ennemis puissants à ces insectes.

» Il nous semble inutile de nous arrêter plus longtemps
» sur ces raisonnements, qui étaient nécessaires pour faire sen-
» tir l'importance et la valeur des études entomologiques ap-
» pliquées à l'agriculture : nous arrivons donc à l'exposition de
» l'objet principal de ce mémoire.

» L'un de nous, pendant une mission aux Antilles, où il
» avait été envoyé par le ministre de la marine pour propager
» l'industrie sérigène et répandre dans ces colonies les procé-
» dés qui s'y rattachent, fut frappé du triste aspect que pré-
» sentaient les plantations de cafiers. Consulté par les habitants
» sur les moyens que l'on pourrait employer pour conserver
» ces précieux arbrisseaux, il se livra à des recherches nom-
» breuses afin de connaître la cause de leur maladie. Tous les
» cafiers étaient faibles et languissants ; ils ne portaient que
» des fruits petits et rabougris ; leurs feuilles étaient tachées ou
» noircies, en partie desséchées et tout à fait impropres à puiser
» dans l'atmosphère les éléments nécessaires à la végétation,
» ce qui rendait ces arbrisseaux languissants, et avait même
» causé déjà la mort de beaucoup d'entre-eux.

» On ne savait d'où provenait cette maladie, que l'on ap-
» pelle rouille dans le pays, et elle était attribuée à des coups
» de soleil. Dans l'ignorance où l'on était de ses causes véri-
» tables, l'on ne cherchait aucun remède pour la combattre.
» Il fallait donc, avant tout, reconnaître ses causes, découvrir
» la source du mal : c'est ce qu'a fait l'un de nous sur les lieux
» mêmes (1).

« Toutes les feuilles sont attaquées et rongées par des vers
» très-petits, logés entre les deux épidermes, et qui mangent
» leur parenchyme intérieur. Ces vers, qui sont les chenilles
» d'un très-petit papillon nocturne, sont à peine longs de
» quatre millimètres et demi à cinq millimètres, assez minces,
» aplatis, d'un blanc jaunâtre, composés de onze segments
» étranglés et en chapelet, non comprise la tête et l'anus. Les
» premier, deuxième, cinquième, sixième et septième seg-
» ments sont plus larges que les autres : ils sont tous garnis de
» quelques poils naissant de petits tubercules peu saillants.
» La tête est aplatie, terminée en pointe et armée de deux
» mandibules bidentées au bout. Les trois premiers segments
» portent chacun une paire de pattes écailleuses, composées
» de trois articulations et terminées par un petit crochet. Les
» quatrième et cinquième, dixième et onzième anneaux n'ont
» pas de pattes ; les sixième, septième, huitième et neuvième
» sont munis chacun de deux pattes membraneuses couron-
» nées de petites épines, et le tubercule anal est lui-même
» terminé par deux mamelons garnis de brosses courtes et des-
» tinés à servir de point d'appui à la chenille quand elle veut
» se pousser en avant.

(1) M. Perrotet semble avoir perdu de vue les communications qui lui ont
été faites par l'honorable président de la société d'agriculture de la Martinique, M. Pécoul, sur l'habitation duquel la présence du ver rongeur du
caféier avait été constaté par Mme Rivoire et M. Artaud, dès l'année 1839.
Cependant la lettre adressée par M. Perrotet à M Pécoul, le 20 mai 1841, et
citée dans une note précédente, confirme ce que nous avons dit des expérimentations faites par la société d'agriculture, dans le but de mettre les
habitants caféiers à même de combattre les ravages de l'insecte dont l'existence leur avait été signalée par M. Artaud.

- 69 -

» Quand cette chenille est parvenue au terme de sa crois-
» sance, après avoir creusé des sortes de galeries dans l'inté-
» rieur des feuilles du cafier, elle détruit l'un des côtés de l'épi-
» derme, sort de sa retraite et se file, au-dessus ou au-dessous
» de la feuille, mais plus volontiers en-dessous, une petite
» tente blanche, formée de fils obliquement entrecroisés, au
» centre de laquelle elle se construit, dans l'espace de moins
» d'un jour, un petit cocon blanc, en ovale allongé. C'est dans
» cette demeure qu'elle subit sa métamorphose en chrysalide,
» et l'insecte parfait en sort au bout de six jours.

» C'est un très-petit papillon ou lépidoptère, appartenant à
» la famille des *Nocturnes* et à la tribu des Tinéites. On ne
» peut le séparer du genre *Elachiste*, fondé par l'antomolo-
» giste allemand *Treitschcke*, et adopté par M. Duponchel,
» savant qui connait actuellement le mieux les Lépidoptères,
» dans son histoire naturelle des Lépidoptères de France
» (t. II, p. 499) : en effet, notre papillon offre les caractères
» principaux de ce genre, et, comme toutes ses espèces, il a les
» palpes inférieurs courts, courbés vers la terre, les antennes
» filiformes et plus épaisses à leurs origine, les ailes supérieures
» en forme d'ellipse très-allongée, avec une longue frange à
» l'extrémité, les inférieures presque linéaires et entourées
» d'une longue frange, etc. Il appartient aussi à ce genre par
» sa chenille, car M. Duponchel dit que toutes celles que l'on
» connait sont dites mineuses, c'est-à-dire qu'elles se creusent
» des galeries dans l'épaisseur des feuilles, dont elles ne man-
» gent que le parenchyme, sans toucher aux deux épidermes
» qui leur servent d'abri, etc. etc. (1).

» On ne connaissait de ce genre que des espèces euro-
» péennes, toutes très-petites, comme l'indique leur nom géné-
» rique. Après avoir comparé la nôtre à toutes celles qui ont
» été publiées, nous avons reconnus, ce qui était facile à pré-

(1) Il faut que celle du cafier soit bien robuste et ait la vie bien dure, car
exposée toute la journée sous l'influence du soleil des Antilles, à l'abri de
tous les vents qui pourraient en diminuer l'intensité, elle se conserve et
continue ses ravages avec une célérité vraiment remarquable.

» voir, qu'elle est nouvelle ou n'a pas encore été décrite,
» et nous lui avons donné le nom d'Elachiste du cafier. Voici
» sa description :

» *Elachiste du Cafier*. Elachista Coffeella. (Nob.) Cette
» espèce est voisine des Elachista Clerckella de Linné et
» *Spartifoliella* de Hubner, et elle se rapproche surtout de
» la dernière par sa très-petite taille. Son envergure est à peine
» de quatre à cinq millimètres, et la longueur de son corps de
» deux millimètres et demi. Sa tête est surmontée d'une petite
» crête formée par des écailles relevées. Ses premières aîles
» sont, en-dessus, d'un blanc argenté, très-brillant, avec l'ex-
» trémité terminée par des écailles allongées qui forment un
» appendice un peu relevé, varié de jaune doré, de blanc et de
» noir bleuâtre. A la base de cet appendice l'on voit une tache
» d'un noir bleu très-luisant, à centre argenté, posé tout-à-
» fait à l'extrémité de l'aîle, et il part de cette tache un petit
» trait oblique jaune, bordé de points bruns, qui va rejoindre
» le bord supérieur de l'aîle un peu après le milieu de ce bord.
» La frange est brune et composée de poils très-longs attachés
» seulement au bord inférieur et au sommet. Les ailes infé-
» rieures sont très-étroites, terminées en pointe, également
» couvertes d'écailles argentées comme les supérieures, et
» frangées de longs poils bruns. La tête, les antennes, les
» palpes, le corselet, l'abdomen, les pattes et le dessous du
» corps sont entièrement couverts d'écailles argentées, et l'ex-
» trémité seule des cinq articles des tarses postérieures est
» noire. Le dessous des aîles est brunâtre comme la frange.

« Les écailles argentées qui recouvrent les ailes et le corps
» sont de formes assez variées, celles du dos, du milieu des
» ailes, etc., sont petites, arrondies ou ovalaires, plus ou moins
» dentelées à l'extrémité ; celles des bords, vers l'extrémité des
» ailes antérieures, sont plus allongées, ainsi que celles qui
» forment la tache noire du bout de l'aile, parmi lesquelles
» plusieurs sont tachées de noir bleu au bout. Enfin les plus
» longues forment le prolongement relevé situé au-dessus de
» la tache noire ; leur extrémité est tantôt jaune, tantôt noire,
» comme cela a lieu pour les petites écailles ordinaires qui

» forment le trait oblique partant du bord supérieur de l'aile
» pour arriver à la tache noire.

» Ce petit papillon est très-vif et très-agile, et voltige dans
» toutes les directions en cherchant à s'accoupler. On le voit
» exécuter des bonds rapides, et son vol saccadé le fait recon-
» naître, même à distance.

» L'élachiste du cafier se voit pendant toute l'année ; mais
» elle est plus ou moins abondante, selon les saisons. C'est en
» mars que l'un de nous a commencé à étudier des larves, et
» il n'a reconnu le papillon qu'en avril. Dans les climats chauds
» qu'il habite, ce lépidoptère se reproduit plusieurs fois dans
» l'année, comme cela a lieu pour le ver à soie qui, sous les
» tropiques, se renouvelle tous les quarante à quarante-huit
» jours environ. L'élachiste se reproduit à peu près dans le
» même espace de temps, car la larve reste environ quinze à
» vingt jours entre les deux cuticules des feuilles du cafier ; elle
» en sort ensuite, travaille à son cocon, qu'elle achève dans les
» vingt-quatre heures, et six jours après, le papillon en sort,
» s'accouple et pond des œufs, qui éclosent sept ou huit jours
» plus tard.

» Cette effrayante multiplication ne laisserait aux planteurs
» que bien peu d'espoir de s'opposer aux ravages de ces papil-
» lons, si la nature n'avait pas placé un remède près du mal.
» En effet, si ces lépidoptères (1), que leur petitesse fait échap-
» per aux plus minutieuses investigations, se reproduisaient à
» loisir, sans que rien ne vînt s'opposer à cette immense mul-
» tiplication, les cafiers auraient disparu depuis longtemps du
» sol de nos Antilles.

» Il est probable que ces papillons sont attaqués par un ou
» plusieurs parasites, comme on l'a toujours observé en Europe,
» dans des circonstances semblables. Il doit y avoir des pério-
» des pendant lesquelles ces parasites, venant à dominer,
» limitent tellement le nombre des papillons, que les ravages
» causés par leurs chenilles restent inaperçus, jusqu'à ce que
» le moment arrive où les parasites eux-mêmes disparaissent,

1) Insectes à quatre ailes écailleuses colorées : lepis, écaille, pteron, aile, Gr.

» faute de nourriture, et laissent leurs victimes multiplier en
» paix, ce qui amène une nouvelle période de ravages. C'est
» alors que l'homme doit intervenir pour hâter la destruction
» des ennemis de ses plantations, car s'il attend qu'ils soient
» détruits par les seules forces de la nature, il faut qu'il se rési-
» gne à subir la perte de plusieurs récoltes, et cela périodique-
» ment, ce qui doit diminuer considérablement la valeur des
» propriétés. »

Voici les moyens que proposent d'essayer les auteurs du
mémoire pour diminuer et même pour détruire la race du
papillon ou élachiste du cafier :

« Le premier consiste à faire couper ensemble et sur tous les
» points de la colonie à la fois, au moment où l'insecte se
» trouverait à l'état de larve, les branches des cafiers qui seraient
» chargées de feuilles, et de les brûler. L'époque la plus con-
» venable, pour cette opération, serait celle qui suit immédia-
» tement l'hivernage, ou celle pendant laquelle la température
» est la plus basse, parce que la chenille se trouve comme
» engourdie et ne peut se transformer en papillon qu'au retour
» d'une température plus douce. Ces cafiers seraient récépés de
» telle sorte que la végétation pût reprendre son cours ordi-
» naire peu de temps après l'opération, afin, s'il était possible,
» de n'avoir à regretter qu'une récolte de Café. On aurait
» soin de conserver çà et là quelques branches jeunes et vigou-
» reuses qui tendraient à maintenir l'équilibre de la sève dans
» toutes les parties du végétal. Après cette coupe, qui serait
» faite avec intelligence et beaucoup de soin, on labourerait la
» terre dans le voisinage des cafiers et avec la précaution qu'exige
» ce travail, en ayant soin de ne point endommager les
» racines principales de l'arbrisseau, et l'on fumerait convena-
» blement les pieds qui paraîtraient épuisés ou qui manqueraient
» des substances nutritives nécessaires à la végétation. On
» devrait mettre ensuite la plus grande exactitude à surveiller
» le développement des nouvelles feuilles, et s'il se présentait,
» de loin en loin, quelques larves, quelques feuilles tachées,
» on les détruirait promptement. »

Les objections faites par la société d'agriculture ou plutôt par M. Artaud, semblent faire considérer cette opération comme présentant de grandes difficultés et des inconvénients. D'abord parce qu'il y aurait perte au moins de deux récoltes successives; et en admettant qu'on ne dût en perdre qu'une, ce serait déjà beaucoup trop pour la situation actuelle. Il se trouverait probablement beaucoup d'habitants qui refuseraient leur concours, et alors la mesure générale deviendrait inéficace. Ces considérations nous paraissent rationnelles; mais cependant, il nous semble qu'il vaut encore mieux éprouver pendant deux ans une diminution de récolte et même ne pas en faire du tout, pendant un certain temps, que de courir le risque de voir disparaître entièrement une culture d'une aussi grande importance.

Le moyen proposé par M. Perrotet a été mis en usage à la Guadeloupe, et M. de Laurens, membre correspondant de la société d'agriculture de la Martinique, par sa lettre du 25 février 1840, insérée aux Annales de la société, page 252 du t. 1ᵉʳ, a fait connaître qu'une pièce de caféiers, ainsi récépée, avait été depuis exempte de la visite du papillon. Il attribuait la disparition de l'insecte au courant d'air, qui agissait plus librement, depuis cette opération, ainsi qu'au soleil dont les rayons pénétraient plus facilement aux pieds des arbustes. La taille lui paraissait donc utile ainsi qu'à nous, non seulement pour raviver l'arbrisseau, mais encore pour le garantir de l'attaque de la chenille qui en dévore les feuilles.

Le second procédé, bon d'après M. Perrotet, consisterait à allumer des feux sur tous les points des caféyères, à l'époque où les papillons commencent à sortir de leur cocon, en mars ou avril (1). Ce moyen, qui a été tenté plusieurs fois en Europe dans des circonstances analogues, a produit de bons résultats. On sait que tous les insectes, et surtout les lépidoptères nocturnes, sont attirés par la lumière et viennent tourbillonner autour du feu, jusqu'à ce qu'ils s'y brûlent, ou se précipitent

____

(1) L'indication de ces deux époques ne peut-être considérée comme très-précise, parce que la génération des insectes dans nos climats est presque incessante.

dans des vases remplis de liquides et disposés à cet effet. Il est certain qu'un grand nombre d'individus seraient ainsi détruits, et qu'une illumination générale, répétée pendant plusieurs nuits, aurait des effets satisfaisants

A la même époque, et pour atteindre plus promptement ce but, on pourrait faire parcourir les plantations le soir, avec des torches allumées. On attirerait ainsi une foule de papillons cachés dans des endroits où la lumière des feux fixes n'aurait pu pénétrer, et il serait même possible de passer rapidement ces torches au-dessous des arbres les plus infestés, ce qui suffirait pour faire périr les lépidoptères qui s'y trouveraient.

Un autre moyen dont l'efficacité ne semble pas douteuse, ajoute M. Perrotet, serait de secouer vivement les pieds de cafiers pendant une pluie battante. En agitant brusquement ces arbrisseaux chargés d'eau, ou en frappant sur leurs branches avec un bâton, on oblige les papillons réfugiés sous les feuilles à prendre leur vol, et la moindre goutte d'eau les fait tomber, gâte leurs ailes et cause leur mort.

Cette manœuvre nous semble, comme à M. Perrotet, peu praticable sur une grande échelle. Ensuite il y aurait lieu de craindre, en l'employant, que l'ébranlement occasionné aux cafiers par ces secousses ne leur fussent pernicieux; car ceux qui cultivent cette plante savent combien elle est délicate et le préjudice que lui cause le moindre vent qui, en s'agitant, tend à briser son chevelu et à déraciner l'arbrisseau dont le pivot est très-court. Aussi le plus sûr moyen de faire réussir une plantation de cafiers consiste-t-il principalement à l'isoler entièrement de l'action des brises, au moyen de haies vives et de lisières épaisses, ne laissant aucune issue au vent.

Pour entrer dans les vues de M. Perrotet, nous pensons que l'emploi des pompes de nouvelle invention, à laquelle on adapte une pomme pour arroser les arbres à une très-grande hauteur, et sous les feuilles, serait bien préférable à l'expédient qu'il indique pour détruire le papillon. Du moins ce procédé ne présenterait pas le grave inconvénient que nous venons de signaler.

Une maladie plus sérieuse, continue M. Perrotet, atteint les

caïers dans quelques localités et cause leur mort au moment
où l'on s'y attend le moins. Cette maladie, qui se développe
dans la terre, empoisonne, disent les habitants, tous les caïers
qu'elle atteint. Elle est due à un très-petit champignon qui se
propage dans la terre avec une telle rapidité, que le sol entier
en est envahi dans un espace très-court, surtout quand ce
sol est riche en détritus de végétaux de facile décomposition.
On sait généralement que la majorité des champignons ne se
développent que sur des corps mous et en décomposition. Or,
plus une terre renferme de ces matières, plus elle est sujette
à être envahie par ces parasites d'un ordre inférieur, surtout
si elle est prédisposée à en recevoir les sporales ou semences.
C'est ainsi, en général, que les racines qui fixent les caïers à
la surface du sol, et qui contribuent à leur nutrition, se trouvent
privés des sucs propres qui forment la base de leur accroissement, ou privées de l'exercice de leurs fonctions absorbantes
par cette multitude de parasites, d'où il suit que la mort les
atteint subitement, et au moment où la fructification se présente sous les apparences les plus belles. Il n'est à notre connaissance qu'un seul moyen de prévenir cet accident et d'en
arrêter les progrès d'une manière complète, c'est l'écobuage
des terres dans une forte proportion. Cette pratique, qui n'est
en usage que dans les pays où les terres sont argileuses, com-
pactes et gazonneuses, à l'effet de les rendre friables et meubles, serait très-avantageuse dans cette circonstance et rem-
plirait parfaitement le but désiré. Voici comment il conviendrait d'opérer dans les terres qui sont envahies par ce champignon.

Ici M. Perrottet expose longuement la manière de s'y prendre
pour détruire le champignon à l'aide de feux de broussailles
et de halliers, allumés sous les couches de terre les plus infes-
tées de ces parasites. Après l'extinction des feux et le refroidis-
sement, dit-il, de leurs résidus, il faudrait, ou devrait même
ouvrir les tas et répandre la cendre, la terre écobuée à la surface du sol, et donner un bon labour pour en opérer le mélange.
Il serait utile aussi d'en conserver une certaine quantité pour
s'en servir à l'occasion des nouvelles plantations. On mélan-

gerait cette terre à celle qui serait mise dans les trous destinés à recevoir de jeunes caliers, et leurs racines en seraient entièrement recouvertes.

M. Perrottet indique encore une autre méthode d'écobuage, qui nous paraît préférable parce qu'elle n'exposerait pas les plantations aux dangers des incendies. Cette pratique ou ce moyen consisterait à creuser dans la terre infestée des trous d'environ un mètre carré en surface et de cinquante à soixante centimètres de profondeur. Ces trous alignés et placés, entre eux, à une distance suffisante, seraient remplis de combustibles et leur contenu brûlé lentement. On devrait entretenir la combustion pendant deux ou trois jours, afin de brûler une plus grande quantité de terre attaquée par les parasites. La combustion terminée, on laisserait les trous ouverts pendant environ un mois ou six semaines, afin de permettre à la terre de se saturer de l'air ambiant, et de tous les gaz propres à la végétation dont le contact de l'air serait l'entremetteur. On mélangerait cette terre ainsi révivifiée avec celle des nouvelles plantations, ou bien on en mettrait une certaine quantité au pied des arbrisseaux déjà en rapport

Peut-être pourrait-on employer au même usage les cendres de bois, de charbons, etc., mêlées dans de justes proportions à la terre infestée de champignons. C'est une pratique dont on doit recommander l'expérimentation aux habitants des colonies. Cet écobuage aurait en outre pour effet de détruire une foule d'insectes nuisibles dont la terre, dans ces contrées, est infestée. On parviendrait encore à détruire ce champignon en mêlant à la terre qui en est remplie une certaine quantité de sel marin, ou de matières décomposées provenant des bords de la mer, telles que varechs, sargassum, etc. etc. Nous pensons que la morue gâtée, dont on se sert aux Antilles pour fumer les cannes à sucre, produirait le meilleur effet. Il suffirait d'en placer une petite quantité au pied de chaque cafier, dont les racines seraient atteintes par ce parasite, pour arriver au but que l'on se propose.

M. Perrottet, d'accord avec ce que nous avons écrit dans les

Annales de la société d'agriculture (1), blâme la mauvaise habitude que l'on a de laisser amonceler au pied des arbrisseaux des herbes fraîchement arrachées des broussailles de toutes sortes et des masses de détritus de végétaux, qui y fermentent, brûlent les racines supérieures, la base du tronc, favorisent la multiplication des champignons, causent la maladie et par suite la mort de l'arbuste. Ces tas de détritus ont encore l'inconvénient d'entretenir une humidité constante au pied de l'arbre et d'empêcher le renouvellement de l'air dans cette partie, d'où il résulte que le cafier languit et finit par périr, surtout dans la saison des pluies

En général pour que le cafier végète vigoureusement et produise beaucoup, il faut qu'il ait le pied entièrement dégagé et que ses racines supérieures soient préservées de tout échauffement. Dans les temps de sécheresse on peut, sans inconvénient, mettre au pied du cafier des matières décomposées qui conservent à la terre une fraîcheur salutaire dont l'arbrisseau profitera et se trouvera bien. Ces matières, en outre, empêcheront la terre, si elle est compacte, de se crevasser, de se gercer comme cela n'arrive que trop souvent pendant les sécheresses prolongées. Il faut bien se garder d'enterrer autour du tronc des matières étrangères capables d'empêcher les parties herbacées et vivantes de remplir leurs fonctions aspirantes et expirantes, lesquelles doivent s'exécuter dans l'air et avec l'aide de la lumière. Que les planteurs sachent bien que les racines n'absorbent les sucs qu'elles transmettent aux parties aériennes du végétal que par leurs extrémités, munies, à cet effet, de *stomates*, sortes de petites bouches. Dès-lors les engrais que l'on

(1) Dans cette faible esquisse, lue en séance solennelle d'inauguration de la société d'agriculture et d'économie rurale de la Martinique, le 29 juin 1859, nous nous sommes principalement attaché à résumer les procédés et les pratiques les plus propres au succès de la culture du cafier en indiquant les méthodes suivies par les planteurs les plus expérimentés et celles employées par les Arabes, tant pour renouveler leurs plantations que pour le choix des expositions les plus favorables au développement de l'arbuste lui-même. L'application que nous avons faite de ces procédés, nous ont prouvé leur efficacité

placerait tout à fait au pied du tronc, et les eaux qui y seraient
dirigées, ne produiraient que peu d'effet sur le végétal, parce
que les extrémités des racines, qui rayonnent assez loin, ne
pourraient les absorber. C'est donc à une certaine distance du
tronc qu'il faut placer les engrais et diriger les eaux d'irrigation, si l'on veut qu'ils produisent tous les avantages dont ils
sont succeptibles.

Les observations d'histoire naturelle contenues dans ce
mémoire, et les pratiques agricoles proposées par leurs auteurs,
étudiées, essayées sous diverses formes et modifiées par les
personnes intéressées, pourront peut être conduire à la découverte de moyens faciles et économiques de sauver les cafiers
des diverses maladies auxquelles ils sont sujets. Dans tous les
cas, nous pensons que le travail de MM. Perrottet et Guérin-
Méneville, ainsi qu'ils l'expriment eux-mêmes, pourra être de
quelque utilité pour diriger les planteurs dans la recherche des
moyens de préserver cette culture d'une destruction imminente.

C'est dans ce but que nous avons plutôt reproduit, en partie,
qu'analysé ce mémoire auquel l'académie des sciences a donné
sa sanction. Les détails intéressants qu'il renferme, et surtout la
partie entomologique, traitée par M. Guérin-Méneville, d'une
manière si remarquable, ont été l'objet des plus grands éloges
de la part de la commission chargée, au nom de l'académie,
d'examiner le travail de ces deux auteurs.

A chacun des exemplaires de la brochure, dont un assez
grand nombre d'exemplaires ont été adressés à la fin de 1842,
par le département de la marine, à l'administration locale, se
trouvent jointes des planches dont les dessins coloriés repré-
sentent la feuille du cafier malade, la chenille, le papillon et le
cocon de l'insecte, de manière à pouvoir en suivre et étudier
toutes les métamorphoses.

C'est avec une véritable satisfaction que nous déposons ici
nos sincères hommages en faveur des auteurs d'une œuvre
d'intérêt public, qui a toutes nos sympathies; car honorer les
hommes qui consacrent leur temps, leur intelligence et leur
vie entière à l'étude des sciences et à des travaux, qui peuvent
faire cesser les souffrances des populations et la détresse d'un

pays, c'est servir les intérêts de l'humanité, c'est faire acte d'un noble patriotisme . De pareilles manifestations ne sauraient résonner comme une harmonie de convention, qui enchante les oreilles sans avoir de puissance sur les âmes!...

Afin d'ajouter aux procédés qu'indiquent MM. Perrottet et Guérin-Méneville,

Nous extrayons d'un ouvrage récemment publié une recette pour détruire les vers, les limaces et les chenilles qui dévorent les jeunes plantes et dépouillent les arbres des jardins :

On fait un mélange d'eau de chaux vive et de soufre en poudre, en calculant au poids sur un sixième de chaux et un sixième de soufre proportionnellement à la quantité d'eau employée, et avec ce mélange que l'on a fait bouillir dans un vase en fonte, on arrose matin et soir le terrain et les arbres infectés par les insectes que l'on veut détruire. Il suffit, pour les faire disparaître, de répéter pendant quelques jours cette opération aussi sûre et facile que peu coûteuse.

AUTRE RECETTE POUR DÉTRUIRE LES PUCERONS :

Faites infuser pendant deux ou trois jours dans un litre d'eau environ trente grammes de tabac à fumer; lavez, à l'aide d'une éponge, les feuilles de la plante noircie ou attaquée par les insectes. Si un lavage ne suffit pas, renouvelez-le deux ou trois fois en huit ou dix jours;, vous verrez alors la plante reprendre sa fraîcheur et sa vigueur naturelle. Si les feuilles ou les rameaux étaient trop infectés pour espérer de les nettoyer au moyen de l'éponge, mettez à contribution une brosse ou un pinceau un peu raide.

Les champignons, qui pullulent en hiver dans les serres sur les couches de tannée nouvellement faites, se détruisent facilement avec un ou deux arrosages d'urine, c'est le procédé le plus économique, le plus efficace de tous ceux que l'on peut recommander contre la marche envahissante des agarics et des mucors, dont la présence porte atteinte à l'existence d'un très-grand nombre de végétaux de serres chaudes ou tempérées,

La société d'agriculture a inséré, dans ses Annales du mois de septembre 1840, un fait qui viendrait ajouter à la propriété qu'aurait le tabac comme moyen répulsif et destructif des insectes, nous nous bornerons à relater ce qui a été publié à ce sujet.

Au commencement de cette année (1840), M. Donis, propriétaire dans la commune du Marin, voulant, en désespoir de cause, tenter une nouvelle branche d'exploitation agricole, planta des tabacs dans les tâches de sa caféyère. Il fut agréablement surpris de voir qu'à mesure que poussaient ses tabacs, les caféiers environnants, de chétifs, malades et presque morts qu'ils étaient, reprenaient de la vigueur et, en quelque sorte, une nouvelle vie. Tous les soins pour les conserver avaient été, jusques là, nuls ou presque nuls; et cependant depuis deux ans, dit-il, dans sa lettre, non seulement il employait de la chaux mélangée par cinquième à ses fumiers ordinaires, mais même il avait soin de profiter des petites pluies pour saupoudrer de chaux vive les feuilles de ses caféiers. Rien n'y faisait. Leur résurrection ne date que de l'époque où il a commencé à intercaler entre eux des plans de tabac. Il cite particulièrement un caféier, venu près de ses cases à nègres, ce caféier était dans le plus piteux état. Il a planté du tabac à côté, et depuis ce temps les feuilles ont reverdi, la sève circule, l'arbuste est devenu très-beau.

Nous nous livrons dans ce moment, sur trois caisses contenant de jeunes caféiers malades, à des expériences ayant pour objet de nous assurer de l'efficacité des recettes que nous venons de citer.

A la mairie de cette ville, nous avons placé une de ces caisses au milieu d'une vingtaine de pieds de tabac d'une belle venue et nous fesons l'essai dans un autre terrain, sur la seconde caisse, de l'arrosement d'eau de chaux vive et de soufre ; sur la troisième caisse enfin, nous expérimentons par le lavage des feuilles tachées avec une infusion de tabac à fumer. Nous nous empresserons de faire connaître le résultat de nos expériences (1).

(1) Dans nos persévérantes investigations et nos recherches continuelles de tous les moyens que révèlent la science et l'expérimentation pour combattre le fléau qui désole nos caféiers, nous nous empressons de signaler aux habitants de la colonie un procédé ou plutôt un appareil que les journaux de

Mais il serait à désirer, ainsi que nous en avons exprimé le vœu, au mois d'octobre dernier, dans un de nos précédents articles, que le Jardin-des-Plantes, appelé par sa destination spéciale à servir principalement de champ d'expérimentation, concourut à des essais de ce genre, qui plus que tous autres profiteraient à l'agronomie locale.

Dans notre prochain article, nous ferons connaître la situation actuelle de cet établissement et nous développerons les vues qui nous paraissent les plus propres à assurer au Jardin-des-Plantes de la Martinique le degré d'importance et d'utilité qu'il doit acquérir pour atteindre le but de sa fondation.

Nous avons peu de chose à dire sur l'état actuel du Jardin-des-Plantes. Déjà, dans le cours de cet écrit, il a été fait mention des travaux préparatoires réalisés par M. Barrillet pour disposer convenablement les carrés réservés aux cultures spéciales.

La méthode rationnelle qu'il se propose de suivre, indépendamment des expériences en genres, permettra de s'assurer et de bien connaître les synonimies ou véritables espèces, choses indispensables pour procéder avec fruit à l'amélioration, variétés, et de s'assurer des propriétés plus ou moins méritantes des végétaux soumis aux expérimentations. Ce système, basé sur les principes de la science, évitera des pertes de temps en essais inutiles avec des espèces inférieures et offrira l'avantage précieux aux amateurs et aux habitants de

France récemment arrivés, recommandent à l'attention des cultivateurs. Voici en quels termes le numéro du 14 mars 1847 du journal *la Semaine* rend compte de cette découverte :

Nous sommes redevables à l'Autriche d'une invention assez heureuse et toute récente. Un individu de ce pays a imaginé d'employer la force galvanique à la conservation des arbres et des plantes. Le procédé est simple ; le voici en deux mots : on emploie pour cela deux anneaux ; l'un de cuivre et l'autre de zinc. Après avoir ajusté l'un sur l'autre, on les applique autour de la plante Si un insecte quelconque touche seulement l'anneau de cuivre, à l'instant même il reçoit un coup électrique qui le tue ou le fait tomber. L'effet produit par cet appareil a lieu aussi bien en temps sec qu'en temps humide, et l'action ne cesse pas.

la campagne, qui s'adresseront au jardin de botanique pour obtenir soit une plante d'agrément, soit un arbre fruitier, d'avoir les meilleures qualités et les véritables espèces.

Les terrains destinés aux essais et aux expériences dont il s'agit n'attendent plus que les plantes qui doivent y être cultivées. Malheureusement la saison n'est pas très-favorable; car les époques les plus sûres pour la transplantation des arbres et arbrisseaux, en ce pays, sont depuis la fin d'octobre jusqu'à la fin de décembre. Les mois de janvier et février sont encore bons, lorsqu'ils sont pluvieux. Le mois de mars est absolument contraire. Il y a toujours dans ce mois beaucoup de sécheresse et de vent. Lorsqu'on est pressé de planter, on peut le faire encore en avril et mai et même en juin; mais ces plantations ne sont pas sûres. Passé ce temps, nous ne conseillerons à personne d'en faire.

L'aspect que présente le jardin dans la partie qui avoisine les bâtiments est satisfaisant. La maison principale a été restaurée à neuf; sa distribution offre les commodités désirables. Les cases servant de logement aux cultivateurs sont en bon état ainsi que leurs dépendances. Les abords et les cours intérieures, dans toute la partie habitée, sont proprement entretenues.

Les conduites d'eau ont besoin de réparations. C'est d'une nécessité urgente.

M. Barrillet paraît vouloir renoncer, pour l'éducation des abeilles, dont il se propose de s'occuper, au rucher qu'avait fait construire dans le temps la Société d'agriculture sur le modèle que lui avait envoyé de la Guadeloupe M. Barrot. Les ruches doivent être placées isolément sur des poteaux à une élévation moyenne du sol, à l'entrée du premier plateau. Nous craignons que cet emplacement, qui a été mis à nu, ne présente, sous ce rapport, quelque inconvénient. Cette observation nous est suggérée par l'opinion émise par M. Barrot lui-même dans sa notice insérée aux Annales de la Société d'agriculture, fruit de quinze années d'expérimentation dans une colonie voisine, placée dans les mêmes conditions climatériques que la nôtre. Ce travail contient d'utiles renseignements sur cette intéressante branche de l'économie rurale, et sous ce rapport il mérite toute confiance. Voilà comment cet habile praticien s'exprime sur le choix de l'emplacement du rucher :

« Le grand vent fatigue les abeilles ; dans nos colonies, toute « exposition au vent d'Est doit être évitée. On choisira de pré- « férence les positions abritées de ces vents par des coteaux « ou des lisières d'arbus.

« Le rucher sera placé, les pignons Est et Ouest ; cette po- « sition est la plus avantageuse, les ruches recevant moins de « pluie sur leurs devantures.

« Les localités qui conviennent le plus à la culture des « abeilles sont celles qui avoisinent nos montagnes boisées. Les « abeilles sont plus à portée de cette multitude de fleurs de « toute espèce qui couvrent presque toute l'année les arbres « de nos forêts vierges. Le miel qu'elles en retirent est parfumé « et de très-bonne qualité. Les positions près des sucreries « sont à éviter, les abeilles trouvant peu de fleurs dans ces « parages s'adonnent à ces établissements et périssent par « milliers dans le sirop qui découle des barriques de sucre sur « lesquelles elles vont chercher leur pâture, et le peu qui « échappe à la mort ne porte dans la ruche que du gros sirop « au lieu de miel. »

A son intéressante notice et au rucher modèle, véritable mi- niature, qui a fait l'admiration de tous ceux qui l'ont vu, M. Barrot eût la bienveillance d'ajouter le modèle d'une ruche de dimension ordinaire, garnie de tous les instruments nécessaires au service du rucher. C'est d'après ces modèles que la Société d'agriculture avait fait installer dans le temps le rucher, dont on voit encore les débris au Jardin-des-Plantes.

L'ancienne entrée du jardin, dans la partie supérieure du terrain, en face de la jonction des deux routes du Parnasse et du Morne-Rouge, a été rendue au public. Un nouveau portail, d'une architecture de fort bon goût, a remplacé celui détruit par le temps. — Cette entrée est belle ; mais son emplace- ment est disgracieux, puisqu'il oblige le public à entrer dans notre Jardin-des Plantes par derrière. Sous ce rapport on a lieu de regretter, puisqu'on s'est décidé à faire une dépense de reconstruction, qu'il n'ait pas été donné suite à l'ancien projet d'établir l'entrée principale du jardin en face de la promenade, en jettant un pont sur la Rivière-Poirier, ce qui eut fait disparaître cet inconvénient, en permettant d'annexer définitivement Tivoly au jardin.

Nous allons maintenant esquisser à grands traits nos vues sur ce qui nous parait rationnel de faire pour que le Jardin-des-Plantes atteigne le but de sa création sous les divers rapports de son utilité et de l'agrément qu'il offre comme jardin de naturalisation et comme jardin de botanique.

D'abord, nous dirons combien il est important qu'on ne mette jamais en doute la conservation de ce précieux établissement, et surtout que l'on soit bien pénétré de l'intérêt qui s'attache à ce que jamais le mot d'abandon ne soit prononcé à son égard ; car ces imprudentes paroles et ces déclarations portent avec elles le germe du découragement, cette lave qui dessèche et tue tout ce qu'elle touche ; ensuite nous exposerons en termes généraux, avant de passer aux détails de nos propositions, les considérations qui nous paraissent susceptibles d'éclairer le public sur ses vrais intérêts ; heureux si nous pouvons ainsi appeler l'attention spéciale du gouvernement et sa protection immédiate sur un établissement qu'il désire voir prospérer, but qui peut être facilement atteint par une direction active et bien entendue et une surveillance éclairée qui, sans exclure la confiance, prévient les abus et entretient une salutaire émulation.

La colonie, qui a fait des sacrifices assez grands pour avoir un Jardin-des-Plantes, doit les continuer pour son entretien, parce que cet établissement est d'un intérêt général, indépendamment des agréments qu'il offre à la ville de Saint-Pierre, centre important de population, où viennent aboutir les principales relations de l'île.

On ne saurait trouver d'objection sérieuse à opposer à la nécessité de maintenir de pareilles dépenses, attendu qu'en les supprimant ce serait exposer cet établissement à péricliter et même compromettre son existence. Ce sont d'ailleurs de ces charges et de ces sacrifices que les sociétés civilisées doivent s'imposer. On ne peut prétendre, non plus, à ce que le Jardin-

des-Plantes donne des produits réels en compensation des dépenses qu'il occasionne. Les places, les promenades publiques,
les monuments qui servent à la décoration et à l'embellissement des cités, ne leur procurent pas toujours des revenus et
n'en sont pas moins entretenus pour cela, et souvent à grands
frais.

Mais ce qu'il importe d'obtenir, c'est que le pays trouve une
juste compensation de ses sacrifices dans les avantages que
peut lui offrir le Jardin-des-Plantes.

On atteindra ce but si les cultures reçoivent les soins et
l'extension désirables. Pour cela, il est essentiel de créer des
pépinières dans lesquelles seront élevées les jeunes plants de
tous les végétaux qui offrent des propriétés utiles dans l'économie rurale et domestique, afin de pouvoir fournir aux habitants
les espèces et les variétés d'arbres et de plantes dont ils dé-
sireraient enrichir leurs champs ou embellir leur demeure.

Ensuite, procéder à l'amélioration des arbres à fruits par la
greffe, et multiplier les bonnes variétés par des boutures, des
marcottes, accroître enfin les richesses du jardin en faisant
continuellement des semis et en se mettant en rapport avec
les établissements de même genre, au dehors, que l'on trouvera toujours disposés à faire des échanges.

La naturalisation des végétaux est une des branches de
l'agriculture qui doit fixer l'attention spéciale des gouvernements et des agronomes. — Rechercher des plantes et arbres
étrangers utiles, les transporter sur notre sol et les rendre
propres à notre climat, c'est, en augmentant nos possessions
végétales, multiplier nos jouissances et doubler nos richesses.
Cette vérité est trop incontestable pour être discutée.

Le sol de notre Jardin-des-Plantes, appauvri par de longues
séries de cultures épuisantes, réclame des amendements pour
obtenir des récoltes plus abondantes, plus délicates. L'art des
assolements, c'est-à-dire de faire alterner les cultures sur le
même sol, pour en tirer constamment le plus grand produit,
pourrait recevoir dans certaines parties du jardin, et sur une
échelle restreinte, il est vrai, une heureuse et profitable application. L'emploi judicieux des engrais, le choix de ceux qui

conviennent le mieux aux différentes natures et qualités du sol, la connaissance de la composition de ces engrais, de leurs propriétés plus ou moins actives, l'usage des machines et instruments aratoires, qui contribuent si puissamment à suppléer à la main-d'œuvre et au nombre des bras, tous ces enseignements, toutes ces améliorations, exposés au grand jour, tous ces travaux publiquement exécutés, auraient pour objet de faire pénétrer insensiblement dans les campagnes les préceptes et les pratiques les plus propres à opérer une heureuse réaction dans les idées et à déraciner les vieux préjugés et les habitudes routinières

Ensuite viendrait la publicité, qui propagerait les résultats des expériences et des essais les plus immédiatement utiles aux propriétaires et aux cultivateurs. De tels enseignements, nous n'en doutons pas, réaliseraient de notables progrès. Ils auraient encore l'avantage de rehausser les travaux de la terre en inculquant à la population des campagnes le sentiment de la haute importance de l'agriculture en raison du rôle fondamental qu'elle joue dans la prospérité et les richesses du pays. Cet enseignement, éminemment salutaire, apprendrait à l'homme voué aux rudes, mais honorables travaux des champs, tout ce qu'il gagne de satisfaction et de bien-être dans les soins auxquels son apathie et son ignorance le rendent étranger.

Les bons effets que pourrait produire à ce point de vue l'administration intelligente du Jardin-des-Plantes ne tarderaient pas à se manifester et à faire ressortir son utilité et l'intérêt qui s'attache à sa conservation. La presse, qui a une part si considérable dans le mouvement progressif de l'agriculture européenne, peut rendre de réels services sous ce rapport et aider puissamment à faire prendre à notre agronomie locale l'essor qui peut seul assurer son développement et sa prospérité en la faisant entrer dans la voie féconde des saines innovations et des perfectionnements que la théorie et la pratique révèlent chaque jour à l'expérimentation.

Une des choses essentielles dans un Jardin-des-Plantes, c'est de savoir ce qu'il possède, pour cela, il faut un catalogue qui ne soit pas une fiction. Il importe donc qu'on s'occupe d'en établir un le plus tôt possible. Pour être à la portée de tout le monde, ce catalogue devra présenter, indépendamment du nom scientifique de chaque plante et arbre, son nom vulgaire, ainsi que celui de, la contrée d'où il est originaire et indiquer ses propriétés et l'usage auquel il est propre. Tous ces renseignements sont d'un très-grand intérêt.

Le travail dont il est question exige des connaissances, des recherches et un grand soin. Sa publication sera un des meilleurs titres que pourra acquérir M. Barrillet à la reconnaissance du pays.

Entre autres avantages de ce nouveau catalogue, il servira à rectifier une erreur dans laquelle beaucoup de personnes sont tombées, en supposant que tous les végétaux que nous avons cités existent au jardin de botanique. Si dans un but utile nous avons cru devoir appeler l'attention publique sur des arbres et plantes qui nous ont paru les plus intéressants, il n'est jamais entré dans notre pensée d'assumer sur personne la responsabilité des pertes qui ont pu avoir lieu et encore moins de les imputer à la négligence des Directeurs qui se sont succédés, ou à de coupables détournements.

Nos renseignemens ont été puisés dans les catalogues publiés depuis 1812, et notamment dans celui établi en 1829 par M. Monfleury de L'Horme, ainsi que sur les listes de végétaux envoyés depuis cette époque de Cayenne, de Bourbon et d'autres lieux, il serait donc injuste et peu rationnel de prétendre que tous ceux arrivés, la plupart en mauvais état, aient survécu aux épreuves de l'acclimatement et que dans le nombre il ne s'en soit pas trouvé qui aient péri.

Si l'étendue du terrain, la plus heureuse exposition, la douceur du climat, la variété des sites, l'abondance des eaux, l'excellente qualité des terres, sont les conditions que doit réunir un jardin de botanique et de naturalisation, pour répondre à l'objet de sa destination, le nôtre ne laisse rien à désirer sous ces différents rapports.

Pour tirer parti des ressources et des avantages que la nature et l'art se sont plu à le doter, il ne faut que des soins, de l'activité et une habile direction.

Institué sous plusieurs points de vue d'utilité générale et

d'agrément particulier, le Jardin-des-Plantes, bien administré, peut les remplir tous.

A cet effet, les plantes y seront distribuées dans un ordre méthodique, indiquant leurs rapports naturels pour servir, au besoin, à une école de botanique.

L'ordre et l'exactitude dans la tenue de cet établissement est indispensable. Il importe infiniment de ne jamais semer une graine, ni introduire une plante dans un jardin de botanique, sans la munir d'une marque indépendante de toute nomenclature, qui puisse se rapporter à un catalogue et sur lequel on inscrit sa patrie, l'époque du semis ou de sa plantation et ce qu'on peut avoir appris de son histoire, de ses propriétés. Des étiquettes métalliques sur lesquelles on frappe des numéros fournissent un moyen simple, commode et peu dispendieux d'atteindre ce but. Cette étiquette doit suivre la plante dans toutes les positions où les besoins de sa culture exige qu'on la place. — On doit répéter ce numéro sur les boutures et les marcottes qu'on en obtient, de manière à pouvoir toujours reconnaître l'origine de toutes les plantes du jardin sans être obligé de recourir à la mémoire souvent infidèle.

Mais si le désordre et la confusion s'indroduisent dans un établissement destiné à rassembler un si grand nombre de végétaux, son utilité se trouve compromise et le public, qui perd en grande partie le fruit des dépenses faites pour son instruction, acquiert le droit de se plaindre en accusant le Directeur d'incurie et le jardin de nullité. En effet, c'est dans ce lieu consacré à la science que l'amateur s'attend à trouver les éclaircissements qui lui manquent ailleurs ; c'est là, que le savant lui-même va porter ses méditations pour travailler aux progrès des connaissances qu'il possède. Or, si les choses y sont dans un état tel qu'on ne puisse s'y procurer les renseignements nécessaires, l'amateur et le savant penseront avec raison qu'il est abusif d'entretenir un établissement qui pêche par la base. Il est donc indispensable de mettre notre jardin de botanique en harmonie, sous ce rapport, avec les motifs de sa fondation, afin d'éviter de pareils reproches.

Je vais plus loin, et je pense qu'un Directeur soigneux de

son objet et amoureux de la botanique, comme il devrait l'être, serait l'homme le plus à portée d'acquérir et de répandre des lumières sur les principes de cette science. — C'est encore à lui qu'il est aisé de déterminer, sans nul obstacle, les caractères des genres, souvent trop difficiles à saisir, dans les fleurs sèches et comprimées, des échantillons conservés en herbier, caractères qui échappent pareillement dans l'agitation des courses et des voyages, où il est impossible, d'ailleurs, de trouver sous sa main les objets de comparaison nécessaires. Qui pourrait mieux que le Directeur du jardin de botanique s'occuper de ce travail intéressant et fournir à l'amateur, ainsi qu'au classificateur, les documents précieux dont il a besoin ? Mais comment s'acquitterait ce dernier de ce devoir que sa charge lui impose s'il a négligé le principal moyen d'y satisfaire? la tenue d'un journal.

En prenant note exacte des plantes et semences qu'il reçoit, des renseignements qui lui parviennent et des observations auxquelles leur culture donne lieu, comme nous venons de le dire, un Directeur se met en état de répondre d'une manière satisfaisante aux questions qui lui sont adressées ; et qu'il se persuade bien qu'elles ne lui seront pas toujours faites par des gens qui veulent s'instruire ; mais souvent, au contraire, par ceux qui veulent savoir s'il est instruit. Dans l'un ou l'autre cas, si sa mémoire ne le sert pas au gré de ses désirs, il trouve au moins dans ses registres le moyen d'y suppléer sans s'exposer à se tromper, ni à tromper la confiance d'autrui par des réponses hasardées. — Un autre avantage qu'il y trouve est celui d'être toujours en mesure de dresser le catalogue des espèces que son jardin renferme et même d'en fournir la flore. Par ce moyen, d'ailleurs, il en connait le nombre, s'assure, de celles qu'il a acquises, voit celles qui lui manquent et qu'il désire se procurer. — La correspondance est encore un moyen infaillible d'être constamment pourvu. Il convient donc d'en entretenir avec tous ceux qui, par état ou par goût, soit voyageurs, soit sédentaires, veulent se prêter à des relations mutuellement avantageuses. Ce sont les véritables sources de la richesse d'une collection. En un mot, la bonne administration d'un jardin de botanique est la seule garantie de sa prospérité et des progrès de cette science.

Envisagés sous ce point de vue, les jardins de botanique concourent aux richesses des contrées où ces établissements prospèrent. C'est depuis l'origine de ces institutions publiques ou particulières qu'on a vu les plantes, transportées d'un climat dans un autre, finir par s'y naturaliser. C'est à ces jardins que l'Europe doit en grande partie les végétaux exotiques qui ornent ses campagnes, recrutent ses forêts, décorent ses parterres et dont quelques-uns sont devenus l'objet d'une culture spéciale. — Ecoutons le célèbre Cuvier, déroulant devant l'académie des sciences, le 30 juin 1825, les titres glorieux que s'est acquis, à la reconnaissance et à la vénération des peuples, André Thouïn, membre de l'institut, professeur de culture au jardin du Roi :

« C'est du jardin du Roi, s'écrie-t-il, pendant le temps de la « grande activité de M. Thouïn, que sont sorties ces fleurs si « belles ou si suaves qui ont donné au printemps des charmes « nouveaux ; les Hortensia, les Datura, les Verbena-Triphylla, « les Banistéria et ces fleurs tardives, les Chrysantemum, les « Dalhia, qui ont prêté à l'automne les couleurs du printemps, « et ces beaux arbres qui ombragent et varient nos promenades, « le Robinias glutineux, les Maronniers à fleurs rouges, les « Tilleuls argentés et vingt autres espèces : on sait qu'autrefois « le jardin du Roi avait donné le Cafier à nos colonies sous M. « Thouïn, il leur a procuré la canne d'Otaïti, qui a augmenté « d'un tiers le produit des sucreries, et surtout l'arbre à « Pain, qui sera probablement pour le nouveau-monde un « présent équivalent à celui de la pomme de terre, le plus « beau de ceux qu'il a faits à l'ancien (1). M. de La Billardière

(1) Le 13 août 1846, une statue en pied d'Antoine-Augustin *Parmentier*, né en 1757, à Montdidier (Somme), mort le 17 décembre 1813, a été exposée sur l'esplanade des invalides aux regards de l'Académie des sciences, dont ce bienfaiteur de l'humanité faisait partie. C'est à Parmentier, et devant ce nom vénéré, les populations doivent s'incliner, que la France doit la conquête de la pomme de terre, dont l'étonnante multiplication a préservé pour toujours l'Europe de ces famines qui ont si souvent décimé sa popula-

« avait apporté cet arbre à Paris ; mais ce sont les instances et
« les directions de M. Thouïn qui l'ont fait réussir à Cayenne,
« où il donne maintenant des fruits plus beaux que dans son
« pays natal. C'est à M. Thouïn, après M. de La Billardière,
« que la France continentale devra de posséder le Phormium-
« Tenax, ou Lin de la Nouvelle-Zélande, dont les filaments
« sont si supérieurs au chanvre en force et en élasticité.

« Je n'ai pas besoin de dire quel immense travail exigeaient
« les correspondances qui procuraient tant de richesses, et les
« instructions nécessaires pour en assurer la conservation.
« Chaque fois qu'un envoi de végétaux partait pour les pro-
« vinces ou pour les colonies, M. Thouïn l'accompagnait de
« renseignements sur la manière de soigner chaque espèce
« pendant la route, de l'établir au lieu de sa destination, d'en
« favoriser la reprise et le développement, de faire d'une ma-
« nière avantageuse la récolte que l'on devait en attendre, de
« la multiplier enfin, soit de graines, soit de boutures, soit de
« marcottes. Cayenne, le Sénégal, Pondi-Chéry, la Corse, ne
« recevaient de jardinier que de sa main. Son nom retentis-
« sait partout où existait une culture nouvelle. Cette influence
« s'étendit encore lorsqu'en 1795, dans la nouvelle organisa-
« tion de l'établissement, il fut nommé professeur et chargé
« d'enseigner publiquement l'art qu'il pratiquait avec tant de
« bonheur. Avec sa modestie ordinaire, il voulait réserver ses

tion ! Ce fut vers le 15ᵉ siècle que Turgot introduisit la culture dans le Li-
mousin et l'Anjou de cette solanée qu'une funeste prévension populaire avait
empêché de multiplier. On avait été jusqu'à l'accuser d'engendrer la peste et
plus tard d'avoir été la cause de fièvres nombreuses. — A cette sotte accusa-
tion, la faculté de médecine de Paris répondit par une réfutation, dans laquelle la pomme de terre était réhabilitée. Parmentier, qui avait produit
aussi un mémoire fort remarquable à ce sujet, obtint du gouvernement cinquante quatre arpens de la plaine des sablons, condamnés à une stérilité
absolue. Il ensemence ce sol aride, on s'égaie à ses dépens, mais les fleurs
paraissent et déconcertent les incrédules. Parmentier en compose un bouquet
et va solennellement en faire hommage à Louis XVI, qui, l'acceptant avec
empressement, en pare sa boutonnière. Le triomphe de la pomme de terre
fut alors assuré par l'éclatant suffrage du monarque français.

« leçons aux jardiniers, et dans ce but il les faisait à six heures
« du matin ; mais cette précaution n'effraya point une mul-
« titude de propriétaires et d'amateurs, étonnés d'apprendre
« ainsi, outre les secrets de la culture, celui du plaisir et de la
« santé que donne l'air pur du matin. Vingt années de suite,
« cette école a distribué l'instruction à des hommes de tous les
« rangs, qui l'ont disséminée à leur tour sur tous les points de
« la France et de l'Europe. Une grande partie du jardin a été
« appropriée à cet usage. On y a disposé dans des carrés dis-
« tincts des plantes céréales, potagères ou autres. On y a donné
« des exemples des diverses sortes de haies-vives. Toutes les
« greffes imaginables y ont été pratiquées, et il en est résulté
« des faits très-importants pour la physiologie végétale, en
« même temps que des variétés nouvelles et agréables de fruits
« et de fleurs. M. Thouïn y a fait, en un mot, tout ce qu'il était
« possible de faire dans un petit espace, et a donné à pressen-
« tir le parti que l'on pouvait tiré d'un établissement plus
« étendu.

. . . .

« Dans l'antiquité payenne, de pareils bienfaits se récom-
« pensaient par des autels ou par des statues. M. Thouïn ne
« rechercha pas même les honneurs modestes que nous leur
« décernons ou ne les reçut qu'avec regret. Il s'est endormi
« le 23 septembre 1824, au milieu de parens, d'amis, d'élèves
« qui le chérissaient et dont sa sollicitude avait assuré l'avenir,
« qui ne perdaient à sa mort que le bonheur de lui exprimer
« leur reconnaissance. Heureux les hommes qui ont une telle
« vie et une telle fin ! »

Maintenant, si de l'ancien continent nous portons nos regards vers celui que nous habitons, nous verrons en 1650,
environ, la canne à sucre introduite dans les colonies, enrichir
l'agriculture et le commerce de ses immenses produits et créer
de nouvelles branches d'industrie. — D'après M. F. R. de
Tussac, colon de St-Domingue, auteur de la Flore des Antilles,
ce fut après la conquête du Brésil par les Hollandais, lorsque
le Portugal passa sous la domination espagnole, que les Colons

de St.-Christophe, de la Martinique (1) et de la Guadeloupe, tirèrent du Brésil des plants de canne à sucre et en suivirent la culture, qui de là se répandit dans les autres Antilles, culture qui a fait depuis leurs principales richesses. L'historien Herrera prétend que ce fut en l'an 1506, qu'un habitant de la Véga, nommé Aquilon, y transporta des Iles Canaries des cannes à sucre qui y réussirent bien ; et c'est à un nommé Gonzales de Vellosa, chirurgien, natif de Verlanga, que l'on doit l'invention des machines pour en extraire le sucre. On rapporte que Pierre d'Etienca fut le premier qui porta à St.-Domingue, en 1506, des cannes à sucre, et que Michel Ballestis fut le premier qui en exprima le jus. L'histoire nous apprend également que ce fut l'infortuné capitaine Bligh qui rapporta de Taïti à la Jamaïque, en 1789, les espèces ou variétés des cannes désignées sous ce nom, et qui ont été introduites dans les Antilles.

La canne, ce précieux végétal, doit avoir une place d'honneur dans notre Jardin-des-Plantes ; car le sucre, qui domine presque seul aujourd'hui dans nos transactions commerciales avec la France, est en quelque sorte le thermomètre de la prospérité publique de notre pays, qui subit les fluctuations de la hausse et de la baisse qu'éprouve cette denrée sur le marché métropolitain. Par sa valeur et son volume le sucre, offrant un fret avantageux, devient par cela même la cause incessante d'échanges de produits et de rapports intellectuels, qui alimentent et vivifient les populations. Si donc la canne venait à manquer, si même ses produits éprouvaient une diminution dans les colonies, le bien-être et l'aisance de ces établissements s'en ressentiraient profondément, et la civilisation courrait elle-même le risque de rétrograder.

(1) M. Sidney Daney, dans son Histoire de la Martinique, dit que c'est au commencement de 1654 que les Hollandais, chassés du Brésil par les Portugais, apportèrent des plants de canne à la Martinique ; d'après le même auteur, ce fut un juif nommé Benjamin d'Acosta qui fit, à la fin de cette année 1654, une plantation considérable et régulière de cacao et forma une habitation-sucrerière vers la 2e moitié du 16e siècle. La culture de la canne était en progrès à la Martinique en 1665, neuf ans après

Ce roseau, que les poètes ont baptisé du nom de *Roseau-d'Or*, peut donc être considéré comme la pierre angulaire de l'édifice colonial, son ancre de salut. Il doit être l'objet de tous nos soins, de toute notre sollicitude pour en accroître et en multiplier les produits. — La voie des perfectionnements dans laquelle marche la fabrication exige que l'on se préoccupe sérieusement de ceux que réclame la culture, afin de mettre en équilibre la puissance qui consomme avec celle qui alimente. La question de la séparation des deux industries, l'industrie manufacturière et l'industrie agricole, est à notre avis la question vitale des colonies. Aussi appelons-nous de tous nos vœux l'établissement des usines centrales qui, dégageant le Colon des pertes de temps et des sacrifices que lui occasionne la manipulation de ses produits, lui permettra de rendre à la terre les bras qu'elle en détournait. Alors, livré tout entier aux travaux de ses champs, il pourra leur consacrer tout ses soins et obtenir, par des perfectionnements dans ses cultures, de belles et d'abondantes récoltes...

....

La consommation de la France est de 120 millions de kilogrammes de sucre; mais à cause de l'exportation avec prime, après le raffinage, il en entre dans les ports du royaume une plus grande quantité : les colonies n'en donnent que 80 à 90 millions, l'étranger 15 millions et la sucrerie indigène de 40 à 50 millions, la dernière campagne a produit 48 millions.

D'après les tableaux de population et de culture des colonies, publiés par le département de la marine pour 1842, la quantité des terres assignées à la culture de la canne dans les quatre colonies, Martinique, Guadeloupe, Guyane française et Bourbon, est évaluée à 65,260 hectares et le produit exporté à 90,495,983 kilogrammes de sucre.

Et bien, si l'on prend pour base le rendement d'un hectare de terre planté en cannes, qui est de 3 mille kilogrammes de sucre, au minimum, l'on trouve que cette quantité de terres devrait produire 195,780,000 kilogrammes de sucre, plus du double de ce qui est accusé par le document officiel cité plus haut.

En admettant que la différence entre le chiffre de la produc-

tion et celui de l'exportation, qui est de 105,284,017 kilogrammes de sucre, provienne de ce que le rendement soit
exagéré, ou plutôt que cette énorme quantité de sucre s'absorbe
dans les colonies, d'une part, par les diverses transformations
que le sucre y subit pour la préparation des confitures et des
sirops aromatisés, exportés, de l'autre par les besoins de la consommation alimentaire, consommation qui peut être évaluée à
4 kilogrammes par individu, comme elle l'est en France (en
Angleterre elle s'élève à 12 kil.), soit pour une population de
131 mille individus libres et 250 mille esclaves, 1,519,900
kilogrammes de sucre; l'on peut aisément admettre que les
colonies seraient en mesure de fournir à la France la quantité
de sucre nécessaire à ses besoins si le rendement, au lieu du
taux de 5 pour 0/0 auquel on l'évalue, atteignait 9 et 10 pour 0/0
obtenu par l'usine centrale de la *Pointe-Simon*, à Fort-Royal.

Le Jardin-des-Plantes, comme champ d'expérimentation,
peut contribuer à seconder et à favoriser ces heureux résultats,
en procurant à l'habitant les meilleures espèces de cannes qu'on
pourrait faire venir des Antilles voisines et de l'Amérique du
Sud, et en multipliant celles qui existent déjà et que nous avons
obtenus du Para, de Batavia et de la haute Egypte. Il serait
facile alors de renouveler les plantations de la colonie et
d'éviter les mécomptes que fait éprouver au cultivateur la dégénérescence des espèces, cause évidente de la diminution des
récoltes par l'appauvrissement des cultures coloniales, qui su-
bissent la loi commune au règne végétal comme au règne
animal, quant au croisement des races et au renouvellement
des semences.

En ce qui concerne la naturalisation en cette colonie des
végétaux exotiques, il suffit de parcourir notre jardin de botanique pour s'assurer du nombre considérable des arbres
et plantes dont il s'est enrichi depuis sa fondation jusqu'à ce
jour. Nous ajouterons sans crainte d'être contredit que leur
beauté, leur vigueur et la rapidité de leur développement sont
des garanties suffisantes de la réussite à espérer par ceux des
habitants qui voudraient les soumettre à des essais de culture
spéciale. Il est prouvé d'ailleurs que, depuis l'établissement de

ce jardin, nos campagnes se sont embellis d'une foule de végétaux qu'il eut été fort difficile de se procurer sans le secours de cet intermédiaire.

Si nous nous étions bornés à conserver et à améliorer les productions que la nature avait primitivement accordées à notre climat, nous ne connaîtrions même pas la plupart de ces arbres précieux qu'une longue possession nous fait regarder maintenant comme indigènes à notre sol. Pourquoi ne chercherions-nous pas encore à naturaliser également beaucoup d'arbres qui prospèrent dans leur pays natal à côté de ceux que nous nous sommes si heureusement appropriés? s'il est important de connaître les pays qui peuvent nous fournir des arbres nouveaux, il ne l'est pas moins de pouvoir distinguer ceux que l'on doit choisir de préférence pour leur faire occuper une place dans notre agriculture locale.

Puisqu'il existe des familles composées presque entièrement de plantes vénéneuses, telles que celles des Apocinées, des Solanées, etc., tandis qu'il en est d'autres, comme celles des Rosacées, des Annones, etc., dans lesquelles il est difficile de rencontrer des fruits qui soient malfaisants, les affinités naturelles doivent donc, jusqu'à un certain point, nous guider dans nos recherches; mais ce n'est pas le seul indice dont nous puissions faire usage; il y a des signes plus faciles à saisir et plus certains: la substance des fruits, leur saveur, leur odeur, et surtout l'usage que l'on en fait dans le pays où ils croissent, doivent nous indiquer plus particulièrement les arbres qu'il nous importe d'acclimater; tous n'ayant pas le même degré d'utilité, c'est aux plus utiles que nous devons nous attacher de préférence.

En général, les arbres à fruits charnus d'une substance molle doivent être préférés à ceux dont le fruit est sec et capsulaire. Les premiers sont susceptibles de fournir par la culture un beaucoup plus grand nombre de variétés pour la forme, le volume et la couleur; ils se modifient de mille manières différentes, et leur chair ainsi que leur suc deviennent plus délicats et plus agréables, à mesure qu'on les cultive et qu'on choisit mieux l'espèce de terrain qui leur convient. On doit même être fort circonspect à juger, sur la simple apparence de sa forme et de la saveur des fruits des arbres sauvages, du mérite qu'ils peuvent acquérir par la culture.

Les fruits secs présentent moins de parties propres à donner lieu aux combinaisons qui forment les variétés. Celles mêmes qu'on obtient n'offrent souvent de différences que dans la grosseur de l'amande et dans l'épaisseur de la capsule : très-rarement leur saveur se modifie; ils doivent donc, en général, ne nous occuper que secondairement. Cependant quelques fruits secs, relativement à leur usage, doivent être préférés à des fruits charnus : ainsi cette règle n'est pas sans exception.

On voit par ce qui précède combien est vaste le champ qui s'ouvre à nos recherches, et combien il nous serait possible d'augmenter le domaine de notre agriculture, en naturalisant des arbres fruitiers ; cependant ils ne doivent pas seuls faire l'objet de notre ambition.

Il est inutile de chercher à démontrer ici ce qui est reconnu depuis longtemps, que la destruction des bois dans les colonies est plus considérable que sa reproduction. Après avoir épuisé le sol, on a détruit les masses d'arbres pour se procurer des terres vierges et on a abattu les bois qui garnissaient les coteaux et les mornes. Il en est résulté que les sédiments pierreux, dont ces terres sont le plus ordinairement composées, entraînés par les pluies torrentielles dans les vallées et les plaines y ont porté la stérilité, fruit inévitable du mauvais système d'agriculture adopté primitivement.

La terre dépouillée, dans une très-grande partie de l'île, des arbres qui la couvraient autrefois, n'est plus fécondée par les nuages qui, en la parcourant, ne trouvent plus les obstacles qui les arrêtaient et les résolvaient en pluie. Le sol, exposé aux rayons du soleil brûlant, en est pénétré à une grande profondeur, les sources tarissent et les rivières remplissent à peine le tiers de leur lit pendant le temps de la sécheresse.

Enfin les vents n'ayant plus à parcourir ces bois, sous l'ombrage desquels ils étaient rafraîchis et où ils s'imprégnaient pendant la saison des pluies d'une humidité chaude, qu'ils répandaient dans les campagnes, n'y portent plus la fraîcheur et la

vie. Forcés au contraire de se diriger sur de grandes étendues
de terrains brûlés par le soleil, ils s'échauffent et amènent avec
eux le hâle et la stérilité.

Le mal qui frappe les colonies en général, et particulièrement la Martinique, dont nous nous occupons spécialement,
n'est pas sans remède. Des arrêtés fort sages existent, il n'y
aurait qu'à les mettre en vigueur et à en surveiller avec vigi-
lance l'exécution, pour prévenir la dévastation de ce qui nous
reste encore de bois dans l'intérieur de l'île. — La législation
sur la matière pourrait être complétée par des dispositions qui
en régulariseraient la coupe et l'exploitation, tant pour ménager
les futaies qui assainissent le pays que pour assurer la durée
de cette ressource commerciale et d'économie domestique.
La colonie est sillonnée par des rivières environnées de montagnes et de collines. Ces lieux élevés semblent destinés par la
nature à se couronner d'arbres, comme les collines et les
plaines, à se tapisser de plantations de toutes sortes. Ménager
ces masses de bois dans les lieux élevés, où il s'en trouve déjà,
les augmenter dans ceux où l'on a trop diminué leur étendue, et
former de nouvelles plantations sur les points de l'île où elles
manquent, c'est à quoi doit se réduire le plan d'amélioration de
cette partie importante de l'agriculture.

Dans les quartiers plats et découverts, il serait avantageux
d'employer les terrains incultes et même une certaine partie
des médiocres à la plantation de petits bois. Indépendamment
du profit qui en résulterait par la suite pour les propriétaires,
ces plantations amélioreraient leurs terres et fourniraient plus
tard des terrains qui remplaceraient ceux qu'une longue succession de récoltes aurait appauvris. Le sol de la colonie au lieu
de se détériorer prendrait une nouvelle vigueur, et en changeant
de culture, donnerait de nouvelles richesses; mais ces grandes
améliorations ne peuvent avoir lieu que par une volonté constante du gouvernement et par la confiance que l'on puise dans
la stabilité des institutions et les épreuves d'un ordre de choses
nouveau garantissant l'avenir.

L'aspect du pays serait plus riant, si les abords des villes et
les grands chemins, surtout ceux qui cotoient le rivage, étaient

ombragés par de grands arbres pour rendre la marche des voyageurs moins pénible sous un ciel brûlant. — Le Fort-Royal,
che-flieu de la colonie, est en progrès sous ce rapport; ses places
publiques, ses rues, ses monuments se ressentent de l'impulsion que ces travaux d'utilité et d'embellissement reçoivent de
son intelligente direction municipale. Cette ville se relève tous
les jours de ses ruines et finirait par devenir une des plus belles
des Antilles, si les ressources de la commune permettaient de
réaliser toutes les vues d'amélioration en projets. Bâtie à
l'extrémité Nord d'une rade vaste et profonde, éloignée de la
grande mer et des mornes peu élevés qui la dominent au Nord
et à l'Ouest, cette ville est assise sur un terrain bas d'alluvion,
borné au Nord, de l'Est à l'Ouest, par un canal à demi-comblé
qui s'étend du Carénage à la *Rivière-Madame*. Cette heureuse
condition topographique est essentiellement favorable à une
libre circulation d'air, qui entretient la salubrité.

Le canal d'enceinte, ce beau travail d'art, creusé, pavé et
garni d'écluses de chasse, qui permettraient de donner à l'eau
un cours plus rapide et de former des bassins où viendraient
s'amarrer bord à quai les navires et les embarcations, serait le
plus bel ornement du Fort-Royal. Un bateau dragueur en fer,
muni de son appareil complet et de sa machine à vapeur de la
force nominale de 10 chevaux, que le département de la marine
a fait construire pour être affecté au curage des canaux navigables
de la colonie, va bientôt nous arriver, et avec ce moyen puissant,
on pourra préparer les voies d'exécution du projet signalé ici et
qui préoccupe depuis fort longtemps l'administration locale. Sur
la rive opposée une double rangée d'arbres, ombrageant la grande-
route qui conduit au Lamentin, cette route, elle-même empierrée,
macadamisée, mettrait en valeur tous les terrains qui avoisinent
la ville. Les campagnes qui en forment l'enceinte, couvertes
aujourd'hui de plantes sauvages, rabougries et épineuses, se
métamorphoseraient bientôt en prairies, en villas, qui donneraient un charme inconnu et une valeur considérable à tous
ces terrains marécageux et incultes.

La savane, vaste pelouse, encadrée par des allées de tamariniers et de manguiers au feuillage verdoyant et touffu, offre

au ombrage impénétrable aux rayons du soleil le plus ardent; aux heures les plus chaudes du jour on y goûte le charme d'une délicieuse température. Les nouvelles allées récemment créées dans la partie du Carénage contribuent à l'assénissement et à l'ornement de cette magnifique place. Lorsque les travaux de comblage de la portion du rivage qui s'étend du Fort-Louis à l'ancien débarcadère qui va bientôt disparaître pour faire place à un quai en maçonnerie en face de l'allée qui conduit au gouvernement, seront terminés, on pourra planter une double rangée d'arbres parallèlement à celle qui garnit la rue du Bord-de-Mer. Alors, la vue du Fort-Royal, prise de la rade, sera vraiment magnifique.

La proposition que nous avons faite de la création d'un Jardin-des-Plantes au Fort-Royal a trouvé de vives sympathies dans le sein du conseil municipal de cette ville. Si ce projet était sérieusement examiné, nous indiquerions, sauf meilleur avis, comme l'emplacement le plus propre à un établissement de ce genre, la portion de terres, située à l'extrémité de l'ancienne habitation Saieville. Divisé en collines, vallons et gorges fertiles, ce terrain accidenté, où l'eau ne manque pas, nous semble réunir toutes les conditions désirables.

Pour animer cette ville et entretenir dans ses rues spacieuses et sans abri une fraîcheur qui procure tant de bien-être sous notre climat, il faudrait qu'une eau vive et limpide les parcourût et alimentât abondamment les fontaines publiques. Le projet de faire venir l'eau de la Case-Navire au Fort-Royal au moyen d'aqueducs ou de tuyaux suspendus, d'après un système analogue à celui mis en pratique par M. de Messimy pour son remarquable établissement d'eaux thermales du Prêcheur, serait, si l'on donnait suite à ce projet, le complément des mesures qui restent à prendre pour procurer à la ville du Fort-Royal tous les avantages et tous les agréments que comporte ce point militaire important.

Au nombre des améliorations, dont le besoin se fait vivement sentir au Fort-Royal, la construction d'un pont sur la Rivière-Madame, qui permettrait de supprimer l'ignoble bac dont on est obligé de se servir pour se rendre sans un long et fatigant circuit de la ville du Fort-Royal à la Case-Navire, nous paraît devoir être signalée, comme pouvant être, dans les circonstances actuelles, d'un très-grand avantage. Tout le littoral avoisinant l'usine doit nécessairement se couvrir de plantations de cannes, et pour en faciliter le transport par terre, ce moyen de communication devient indispensable ; les ponts et les routes sont au reste les grands artères de la civilisation et de la prospérité : ils font circuler la vie et le bien-être partout où ils sont en progrès.

Bientôt, grâce aux sacrifices que s'impose le pays et à la sollicitude incessante et toute spéciale du chef de la colonie, un pont s'élève sur la Capote, une de nos rivières les plus dangereuses. Ainsi se trouveront assurées les communications souvent interrompues par les débordements, avec un des quartiers les plus populeux et les plus riches de l'île. Ce bienfait va s'étendre également sur d'autres points non moins importants. — Le Lorrain, le Massé et la Rivière-Blanche, ces courants d'eau torrentueux, ne feront plus désormais obstacle à la sûre et à la libre circulation dans l'intérieur.

Les améliorations que nous avons signalées plus haut sont dues au bienfait de l'organisation municipale, institution providentielle, sortie des décombres poudreux du Fort Royal, quand le glas de la destruction eut cessé de tinter sur les ruines de cette ville, mutilée par l'horrible convulsion du 11 janvier 1839.

Que de choses utiles se sont accomplies depuis cette époque mémorable où furent promulgués les arrêtés de M. l'amiral de Moges des 15 et 17 janvier 1839, qui constituèrent provisoirement les municipalités du Fort-Royal et de Saint-Pierre ! Chaque maire, chaque conseil communal dans ces deux villes et dans les arrondissements secondaires de la colonie, voulut à l'envi marquer son passage à la direction des affaires publiques par une amélioration nouvelle, par une innovation profitable à sa localité. Car tel est le propre des institutions qui mettent en lutte et en rivalité les nobles instincts des populations. Certes si l'amour sacré du pays, le dévouement au bien public sont des vertus communes aux bons citoyens, on ne saurait nier, cependant, la part d'influence qu'exerce sur les plus louables actions humaines la rivalité, ce puissant stimulant de l'émulation. qui, à son tour, enfante des résultats si profitables aux intérêts publics.

Honneur donc au chef énergique, qui puisa dans son cœur une aussi heureuse inspiration ! — Reconnaissance à ceux qui surent si bien comprendre la mission sainte qui leur fut confiée aux jours néfastes ! Grâce à leur patriotique dévouement, la cité s'est relevée de ses ruines. — La ville du Fort-Royal leur doit ses ponts, ses débarcadères, ses quais, son marché couvert, ses places et leurs frais ombrages, ses rues-modèles, son presbytère, un hospice enfin, où la religion, privée de sanctuaire, est venue partager l'asile de la souffrance et de la pauvreté pour y célébrer ses saints et consolants mystères..... (1) La ville de St-Pierre, moins maltraitée par le fléau de Dieu, a bénéficié aussi de la création du système municipal : ses places publiques se sont agrandies et embellies. A l'instar du chef-lieu, elle a eu aussi ses marchés couverts, ses fontaines, ses quais, et récemment elle a vu sortir de la poussière son théâtre, monument qui menaçait ruine, plus richement et plus artistement décoré qu'il ne le fut jamais (2).

Voilà d'incontestables preuves que tout le bien que peuvent procurer à un pays de pareilles institutions. quand le bon sens civique et la sagesse des gouvernants appellent à la direction

(1) Nous éprouvons le besoin de désigner nominativement ici M. de Leyritz, qui, comme maire de la ville du Fort-Royal, après le tremblement de terre, a donné, dans cette circonstance, de si nobles exemples de dévouement à la chose publique, et M. Auguste Lemaire, cet homme bienfaisant et d'une générosité princière, à qui la colonie doit une maison de santé, pour le traitement des aliénés : la ville du Fort-Royal son marché couvert avec sa fontaine et ses arbres ; le clergé un presbytère spacieux et commodément emménagé, la population indigente un hospice vaste et salubre.

(2) M. Gosset, maire depuis plusieurs années de la ville de Saint-Pierre, a laissé de bons souvenirs de son intérim de directeur de l'intérieur. Sous sa laborieuse administration le Fort-Royal a vu s'exécuter des travaux d'assainissement d'une grande utilité. La ville de Saint-Pierre lui doit, au même titre, son boulevard, la construction de plusieurs quais, l'embellissement de ses places et promenades publiques. Enfin la restauration de son plus bel édifice, sa salle de spectacle et beaucoup d'autres améliorations importantes.

des affaires publiques des hommes éprouvés, des hommes d'intelligence et d'action.

Nous avons dit qu'outre les divers chefs d'utilité que le Jardin-des-Plantes peut accomplir, il pourrait encore servir d'école de botanique. — Une collection de végétaux, tant indigènes qu'exotiques, rassemblés en nombre suffisant et formant une série méthodique de plantes exactement étiquetées et distribuées à l'instar du jardin royal de Paris, nous semblerait propre à devenir la base et les éléments d'instruction de cette belle science. Là les amateurs et les botanistes étrangers ou en mission trouveraient les moyens et les facilités de voir et d'observer les sujets cultivés et de les comparer avec ceux décrits et représentés dans les ouvrages d'histoire naturelle. Ce serait pour eux le livre de la nature où les exemples vivants offriraient tour à tour les phases de la luxuriante végétation qui donne aux plantes des contrées intertropicales une physionomie et des proportions si différentes de celles qui les distinguent dans les régions tempérées.

Malheureusement les tentatives faites plusieurs fois pour établir cet ordre méthodique dans notre jardin ont été infructueuses; non par l'impéritie des anciens Directeurs; mais par la difficulté réelle de réunir dans le même cadre des herbes, des arbrisseaux et des arbres sous l'influence d'un climat où la végétation se développe aussi rapidement. Néanmoins pour ne pas détruire ce qui existe et se rapprocher le plus possible du but proposé, on pourrait y suppléer en attachant aux arbres et aux plantes nécessairement dispersés des inscriptions sur lesquelles indiqués leurs noms, leurs synonimies, leurs rangs dans les familles naturelles et dans le système sexuel. À la rigueur des numéros correspondant à un catalogue, dont les exemplaires, mis à la disposition du public, pourrait remplacer ces inscriptions, dont le coût serait peut être onéreux. Il existait lors de la remise du jardin à M. Barillet, par la Société d'agriculture, onze cents étiquettes en fer, susceptibles d'être utilisées, sans trop de dépense, si l'on s'arrêtait à la première proposition.

Il est encore une amélioration importante que le Directeur

du Jardin-des-Plantes, ayant tout le temps nécessaire et tout ce qu'il faut sous la main, pourrait facilement réaliser. Elle consisterait à rechercher et à réunir toutes les plantes pharmaceutiques et médicinales indigènes, afin de mettre les hommes de l'art à même d'étudier leurs propriétés et de déterminer l'action plus ou moins directe que leur administration exerce sur les organes de la vie humaine. Indiquer exactement les qualités de la terre, l'exposition où ces végétaux se plaisent à croître de préférence, tracer leurs caractères botaniques, entrer dans les détails nécessaires sur leurs diverses parties, donner l'histoire de ces plantes et enfin faire connaître publiquement les résultats des essais et des analyses auxquels on les aurait soumises.

L'étude des plantes vénéneuses et de cette classe redoutable des toxiques, qu'une main habile et prudente sait changer en remèdes bienfaisants, intéresse plus particulièrement le médecin qui doit tenter toutes les voies pour rendre la santé à son malade et le magistrat dont l'œil doit être constamment ouvert sur la main coupable qui serait tentée d'en profiter pour frapper dans l'ombre sa victime.

Tandis que la médecine marche à grands pas dans la carrière de l'observation, la thérapeutique reste comme stationnaire dans le cercle étroit de quelques substances dont la plupart nous ont été fortuitement révélées. Tandis que les pharmaciens-chimistes de l'Europe tourmentent de mille manières les plantes les plus inertes, qu'ils analysent avec un soin minutieux les feuilles, les tiges, les racines les plus insignifiantes et nous font connaître avec la dernière exactitude les principes constituants de la paille, de la toile d'araignée; les végétaux les plus énergiques de nos climats restent ignorés, s'ils ne sont transportés dans les officines de l'Europe.

Pourquoi tant d'insouciance et d'apathie pour des choses qui intéressent à un si haut point la science et l'humanité? Sous ce rapport nos jeunes officiers de santé de la marine pourraient rendre de réels services en contribuant par leurs études et leurs recherches à jeter une vive lumière sur cette partie mystérieuse et suspecte de notre végétation intertropicale. Ce serait un nouveau fleuron à ajouter à la couronne tressée par la reconnaissance de ceux que leur dévouement et leurs talents soustraient aux maux qui mettent leur vie en péril sous ce climat brûlant.

Qu'il nous soit permis, toutefois, de nous féliciter de l'initiative qui a été prise par le conseil de santé de la Martinique en ce qui concerne la création d'un jardin médicinal à l'hôpital du Fort-Royal, et de l'empressement avec lequel cette proposition a été accueillie par le chef supérieur de l'administration maritime en cette colonie.

Qui sait si la réalisation de cette pensée humanitaire ne conduirait pas à la découverte d'une plante dont les principes et les sucs, analysés, procureraient peut être un spécifique pour triompher des mortelles atteintes des maladies redoutables qui attaquent l'homme sous le ciel des tropiques ?

Plusieurs plantes médicinales essentielles manquent au jardin de botanique. Il serait avantageux pour le pays de les faire venir et d'en essayer la naturalisation. Le Jalap, par exemple (*Couvolvulus-Jalapa*), liseron très-commun aux environs de Xalapa, ville du Mexique. La propriété de sa racine lui fait occuper un rang distingué dans la matière médicale : son prix, toujours soutenu sur les marchés européens, est un motif suffisant pour nous intéresser à l'acquisition et à la multiplication de cette plante, originaire d'un climat trop analogue au nôtre pour ne pas conserver l'espoir de la voir prospérer ici.

L'acquisition de la plante qui produit au commerce la vraie racine d'*Ipécacuanha* serait d'un intérêt majeur. On pourrait facilement l'obtenir du Brésil. En botanique, elle est connue sous la désignation de *Cephælis-Ipecuanha (Swartz-Callicocia-Brotero).* Celles qui donnent le Simarouba et autres substances analogues doivent être l'objet de la même sollicitude : les Sénés, les Salsepareilles, les Appopanax, les Mirobolans, les Sassafras, les Styrax, les Camphriers, les Benzoins, les Gommes-Arabiques, les Mastiques, les Adragants, les arbres qui donnent la Manne, le Quassia-Amara, etc. etc. Ces dernières doivent attirer toute l'attention. Quelques-unes de ces plantes existent déjà au jardin de botanique. Nous ne saurions trop insister pour que leur multiplication soit l'objet des plus grands soins. Celles qui donnent le vrai Simarouba et autres substances analogues sont dans le même cas, ainsi que les diverses espèces de Quinquina qui, peut être, s'acclimateraient dans les hauteurs de notre île. Nous avons de grands bois, éclaircis par les coupes qui s'y font journellement, et nous sommes tenté de croire que ces localités, vastes et perdues pour la colonie depuis qu'elles ont été dépouillées de leurs Acomats *(Homalium-Kasemosum)*. Balatas (1), Noyers, Coumbarils *(Hymenœa-Curbaril)*, Acajous *(Cedrela-Odorata)*, etc. etc., seraient des lieux propres à recevoir des arbres d'un accroissement plus prompt et d'une utilité non équivoque. Le Platane, cet arbre originaire du Levant, s'accommoderait probablement de nos terres légères et volcaniques. Il vient de semis et croît rapidement. La culture du Platane serait d'autant plus importante pour le pays qu'à la réserve du Sorbier, nul autre bois de France ne l'emporte sur celui-ci pour le poli, la solidité et les autres qualités qui le rendent précieux en menuiserie. Coupé en différentes directions, le bois du Platane offre dans sa surface des ondes diaprées d'un effet très-agréable en marqueterie. On peut en faire de jolis bois et de belles allées pour les places et promenades publiques. En France, le Maronnier, le Tilleul et le Platane ornent les avenues des palais royaux. Le port de cet arbre majestueux et ses larges feuilles découpées sont d'un bel effet; il appartient à la famille des Amentacées.

L'Érable, le Cytise des Alpes, le Pin et autres arbres exotiques à la France, pourraient végéter très-bien et réussir sur nos montagnes.

1) *Achras-Balatas*, famille des Sopilliers. Cet arbre était autrefois très-commun dans les bois de la Martinique. On n'en trouve presque plus, et celui qui s'emploie aujourd'hui dans les constructions nous vient en majeure partie de Puerto-Rico. Le fruit du balata est une petite sapotille jaunâtre, ronde et d'un goût assez agréable. Cet arbre est fort laiteux. Ce lait est employé par les Portugais et les Brésiliens contre la maladie de poitrine. On cite des cures fort remarquables opérées à la Guyane française par la vertu de son suc.

(167)

Un autre genre d'essais à faire au Jardin-des-Plantes serait
l'extraction des produits immédiats de tant de végétaux riches
en substances médicamenteuses, huileuses, aromatiques, etc.

L'Aloës (1), par exemple, qui croît et se propage si facilement dans nos jardins et qui s'accommode des terres les plus
médiocres, ne mériterait-il pas d'être l'objet de l'attention d'un
Directeur industrieux qui s'attacherait à donner l'exemple de
la culture de cette plante sur une échelle assez grande pour en

(1) Plusieurs espèces d'Aloès (*Agave americana et fœtida*) donnent une filasse
dont on fait des cordes et des tissus. Nous en possédons plusieurs variétés,
parmi lesquelles l'Aloès Pitte est la plus belle par la blancheur et la finesse
de ses fibres. — L'Abaca des Philippines, ou Bananier-Corde, dont nous avons
déjà parlé, et le Voa-Koa, pandanus odoratissimus et veridis, se multiplient très-
facilement ici. A Bourbon, on fait avec les feuilles du Voa-Koa des sacs très-
solides, dans lesquels on transporte le sucre en France. Si l'on pouvait substi-
tuer ces sacs aux boucauts, qui ne coûtent pas moins de 12 à 15 fr. l'un par
500 kilogrammes de sucre qu'ils contiennent chacun, ce serait une grande
économie pour l'habitant. L'arrimage, devenant plus facile, les navires du
commerce pourraient, par conséquent, charger une plus grande quantité de
sucre.

Parmi les plantes textiles, on cite aujourd'hui en France une espèce d'Ortie
(*Urtica-Utilis*), connue sous le nom de *Ramie*, que cultivent sur une grande
échelle les Chinois et les Javanais. La Ramie, d'après la description et les
renseignements fournis par M. Le Clancher, chirurgien de la corvette la *Fa-
vorite*, s'élève à une hauteur de 4 à 5 pieds (1 mètre 299 millimètres à 1
mètre 624 millimètres) et rappelle le chanvre par sa tige droite, fixe et élan-
cée. Les terrains humides qui bordent les rivières sont particulièrement affectés à sa culture. On arrache la plante lorsqu'elle est fleurie, mais non encore
grainée, et après l'avoir effeuillée et mise en botte, à peu près comme on le
pratique pour le chanvre, on la fait rouir dans de grands baquets. Bientôt
l'écorce se détache; des femmes l'enlèvent pour lui faire subir un second
rouissage de quelques jours; puis elles grattent avec un instrument de fer
l'épiderme extérieur, qui a gardé une couleur verdâtre. La matière textile est
alors pure. Elle est d'un *blanc nacré très-beau* et l'emporte de beaucoup sur le
chanvre et le lin par sa ténacité. Les tissus et les cordages qu'elle forme sont
doux au toucher et d'une grande durée. Les expériences qui ont été récemment faites en Hollande, par ordre du gouvernement, mettent hors de doute
que le fil de *Ramie* ne surpasse en force le meilleur chanvre d'Europe; qu'il
l'égale étant mouillé, et que sa force d'expansion dépasse de 50 pour 100 celle

(108)

apprécier le produit. et du mode d'extraction et de dessication de son suc épaissi et tel qu'on le prépare dans l'Inde et même à la Barbade pour le verser ensuite dans le commerce.

Les plantes tinctoriales, parmi les herbacées et les ligneux, sont assez communs dans nos climats, ainsi que les oléagineuses. Ces diverses espèces de Palmier, de Sagoutier, que possèdent le Jardin-des-Plantes, le Camphrier, le Caoutchouc, gommier élastique, l'Hevea ou Ficus élastica et une infinité d'autres végétaux précieux, pourraient être l'objet d'essais et d'expériences; répandus dans la colonie, ils donneraient l'idée aux habitants de se livrer à des cultures qui, plus tard, procureraient de notables avantages.

Les richesses végétales du Jardin-des-Plantes ont été jusqu'ici presque sans utilité, parce que la plupart des habitants ignorent ce que renferme cet établissement.

Après l'inventaire exact de tous les arbres et plantes qu'il possède, on pourrait faire connaître successivement au public, par de courtes et intéressantes notices, insérées dans les journaux de la colonie, les propriétés de chaque arbre et plante utile, et inviter par là les habitants à se les procurer et à les multiplier.

La culture du cotonnier, à peu près abandonnée, est susceptible d'acquérir encore de l'importance par le renouvellement

du meilleur lin. Il paraît que la Ramie était déjà fort employée dans les Indes dès le 16e siècle, et que ses fibres s'exportaient, à cette époque, dans les Pays-Bas, où l'on en fabriquait des étoffes plus recherchées que celles du lin. M. Le Clancher pense que cette plante croîtrait fort bien en France, principalement sur les bords des nombreux fossés qui longent les côtes basses de la Manche. Espérons que le Museum, qui a reçu quelques échantillons de Ramie, réussira à propager une plante dont la culture peut ajouter aux richesses nationales.

Nous possédons à la Martinique plusieurs variétés d'Orties, parmi lesquelles il s'en trouvent dont les tiges prennent un assez grand développement dans les terres humides et riches en humus. Des essais analogues à ceux auxquels on soumettra cette plante en France ne manqueraient pas d'intérêt. On pourrait ouvrir à ce sujet une correspondance avec le Museum d'Histoire naturelle, tant pour connaître le résultat des essais faits en France que pour obtenir des semences de ce précieux végétal.

des semences et l'introduction dans le pays des variétés les plus estimées dans le commerce.

Cette culture fut autrefois une des branches les plus productives de notre industrie rurale. En concurrence avec le petun ou tabac (*Nicotiana-Tabacum*), le coton ne tarda pas à s'élever au-dessus de ce dernier par une valeur plus considérable ; mais la canne et le café parurent. Les brillants avantages de ces nouvelles exploitations les firent bientôt prévaloir sur toutes les autres. La canne surtout, moins sujette qu'aucune de ces cultures à de fâcheux mécomptes, offrit une plus large part à l'intérêt du planteur. Elle ouvrit à son ambition une plus vaste carrière, et le sucre, environné de ses attributs divers, se posa en représentant suprême de la richesse de nos contrées, qu'il dota d'une aristocratie particulière, indépendante de la noblesse.

L'Egypte, par la noble persévérance de son Vice-Roi, doit en grande partie sa prospérité à l'introduction de la belle espèce de coton à longue soie de la Géorgie. D'autres variétés non moins appréciées par l'industrie sont répandues aujourd'hui sur toutes les parties chaudes des deux hémisphères. Le royaume de Siam, le Bengale et quelques îles de l'Archipel, de l'Asie mineure et de la Caroline les possèdent. Il serait facile d'obtenir des plants et graines de ces qualités supérieures par l'entremise du département de la marine, toujours disposé à procurer aux colonies les moyens d'améliorer et d'accroître leurs ressources agricoles (1).

Les envois successifs de végétaux de toutes sortes et l'expédition assez récente de M. Géhenne en Arabie, pour s'y procurer dans l'intérêt des colonies des semences et plants de cafier, en sont des preuves certaines.

Les rapports de cet officier de vaisseau distingué, celui non moins remarquable de M. Passama, son second et les renseigne-

(1) Voir deux Annales de la Société d'agriculture de la Martinique, 2e volume, page 579. Le mémoire fort étendu de M. Artaud sur le cotonnier et celui non moins digne d'intérêt, sur l'indigotier, sa culture et sa fabrication par le même auteur. (Page 439 du même vol.)

ments utiles qui résultent des observations et des savantes recherches de M. Pervillé, botaniste du Muséum de Paris sur l'exploration faite dans l'intérieur de l'Yémen, sont du plus grand intérêt et méritent d'être consultés. Ils sont insérés aux *Annales maritimes*, années 1841 et 1842. On doit vivement regretter, sous ce rapport, que ces documents n'aient pas reçu une plus grande publicité dans la colonie. Elle eût contribué à mieux faire apprécier l'intérêt que le gouvernement attache à favoriser le renouvellement d'une branche aussi importante de notre agriculture et de notre commerce, en faisant ressortir, en même temps, les services rendus dans cette circonstance par notre marine militaire. C'eût été d'ailleurs un hommage et une justice à rendre en signalant à la reconnaissance des Colons les noms des hommes honorables qui ont rempli d'une manière aussi satisfaisante la belle mission confiée à leur dévouement et à leur patriotisme.

En mars dernier, le vapeur de l'Etat le *Crocodile* a transporté, de Bourbon à la Martinique, une riche collection de végétaux naturalisés et greffés dans cette île. Parmi eux se trouvaient 78 jeunes pieds de cafiers provenant de graines récoltées sur des plants apportés de Moka et d'Aden en 1842 et des semences du café de Bourbon. A cet envoi on avait ajouté des plants de canne des meilleures espèces cultivées dans cette colonie. Malheureusement le long trajet et les relâches de ce bâtiment ont causé la perte de la majeure partie des plantes, malgré les soins pris pour assurer le succès de cet envoi.

La commission chargée de visiter ces végétaux à leur arrivée à Saint-Pierre a constaté qu'il n'y avait que 22 cafiers vivants et que les plants de canne qu'on avait placés dans du sable et de la mousse étaient entièrement desséchés.

Il serait intéressant qu'on sût si les soins prodigués à ces cafiers, et leur état actuel, laissent quelque espoir d'en obtenir ultérieurement des produits.

Inutile d'insister sur le but d'une publicité, dont tout le monde comprend les avantages.

Avant de satisfaire entièrement à la dernière partie du programme de notre publication, sur lequel nous avons anticipé en nous laissant aller à quelques réflexions incidentes qui ont pu paraître hors de propos à nos lecteurs, nous nous arrêterons un instant sur une question qui, quoique étrangère à l'objet principal de cette notice, s'y rattache cependant par le choix et la nature du lieu que nous indiquerons comme pouvant garantir le succès des nouveaux essais que nous allons proposer. — Nous voulons parler de la naturalisation de la sangsue officinale du Sénégal au Jardin-des-Plantes.

Pour donner plus d'autorité et de valeur à ce qui va suivre, nous reproduisons, ci-après, quelques passages d'un rapport fort intéressant de M. Catel, premier médecin en chef de la marine en cette colonie (1).

« Contribuer d'une manière quelconque à améliorer la con-
« dition de l'homme dans les régions intertropicales, le garan-
« tir autant que possible des effets nuisibles et dangereux du
« climat; soulager ses douleurs et le guérir, tel est le but que doit
« se proposer le médecin auquel le gouvernement confie la
« santé de l'Européen sous un ciel qui n'a pas été fait pour lui.
« Pénétré des devoirs qu'il a à remplir, il doit porter son atten-
« tion sur tous les objets qui l'environnent, étudier tour à tour
« les causes, la nature, le siége et les phénomènes qui caracté-
« risent les maladies, avant d'entrer dans le domaine de la
« thérapeutique, pour lui demander les moyens les plus effi-
« caces contre des désordres que l'habitude d'observer l'a mis
« à même d'apprécier; c'est alors seulement qu'il pourra choisir,
« dans la classe immense des êtres et des substances que lui
« offrent les trois règnes de la nature, les remèdes dont il

(1) Ce rapport transmis par M. Catel, alors médecin du Roi au Sénégal, à M. Gerbidon, gouverneur de ladite colonie, est inséré aux *Annales maritimes et coloniales*, année 1827, page 656, partie non-officielle.

Le même recueil contient un grand nombre de rapports du même auteur et différents mémoires publiés par ordre du Ministre de la marine, tant sur les maladies inhérentes aux climats chauds, que sur les moyens de s'en préserver et de les combattre. — On ne saurait trop recommander aux jeunes praticiens et à ceux qui habitent les colonies de consulter ces documents aussi instructifs qu'intéressants.

« pourra d'avance calculer les effets sur l'économie animale.
« Alors les soins et les conseils du médecin seront utiles dans le
« pays auquel il aura consacré son temps, toutes les fois qu'une
« administration sage, éclairée et philantropique protégera son
« zèle et ses efforts dans la ligne du bien qu'il s'est tracée.

« Parmi les ressources thérapeutiques que le Sénégal met à
« notre disposition pour combattre les maladies graves qui y
« attaquent également l'Européen et l'habitant, je n'en connais
« pas de plus important, qui rende plus de services réels à la
« médecine de ces contrées, que la sangsue officinale indigène,
« que l'on se procure aujourd'hui sur plusieurs points de la
« colonie.

« Le hasard qui préside le plus souvent aux découvertes utiles
« à l'humanité vint, en 1819, nous révéler l'existence dans le
« pays de ce bienfaisant ver aquatique. Cette découverte devait
« exercer par suite la plus heureuse influence sur nos méthodes
« de traitement. Par elles, nous conçûmes l'espoir, qui depuis
« s'est réalisé, de constater par l'espérience ce que des recher-
« ches nombreuses faites au lit des malades et après la mort
« nous avaient déjà fait reconnaître, savoir: que les maladies
« sont essentiellement inflammatoires au Sénégal, et que les
« émissions sanguines capillaires devaient être surtout avanta-
« geuses dans les affections de la membrane muqueuse
« gastro-intestinale, affections phlegmatiques fréquentes et
« très-graves, dans lesquelles les autres moyens analogues ne
« remplacent que très-imparfaitement les sangsues. Mais avant
« de nous arrêter aux bons effets de ces annélides, jetons un
« coup d'œil sur leur histoire, et montrons comment nous
« sommes parvenus à nous en procurer au-delà de nospropres
« besoins.

« C'est en 1819, avons nous dit, que nous apprîmes pour la
« première fois qu'il existait des sangsues au Sénégal. Appelé
« à cette époque en consultation près d'un habitant nommé
« *Biram Coussou*, atteint d'un gonflement considérable et
« très-douloureux dans une partie du corps fort délicate, je ne
« pus dans cette circonstance qu'exprimer à M. Quincé, alors
« chargé du service de santé à St.-Louis, et médecin ordinaire

« du malade, les regrets que j'éprouvais de voir la colonie privée
« d'un moyen qui me paraissait devoir être d'un grand secours
« dans le traitement de la plus grande partie des maladies que
« j'avais déjà eu l'occasion d'observer depuis mon arrivée à St.-
« Louis. *Biram*, qui nous écoutait sans perdre un seul mot de
« notre conversation, qui l'intéressait vivement, me demanda
« si je croyais réellement les sangsues nécessaires à sa guérison;
« que, dans ce cas, il enverrait un nègre *Marabout* de sa con-
« naissance en chercher dans le pays de Cayor. Sur ma réponse
« affirmative, *Biram* expédia cet individu, lequel, trois jours
« après notre consultation, revint avec une centaine de sang-
« sues, qui, appliquées en deux fois, procurèrent promptement
« le dégorgement de la partie et un grand soulagement au
« malade.

« Ce qui venait de se passer intéressait trop vivement le
« service du Roi et les habitants de la colonie pour que je né-
« gligeasse de recueillir tous les renseignements susceptibles de
« nous mettre en possession d'un moyen qui m'inspirait la
« plus grande confiance, et que je regardais déjà comme devant
« former un jour la base de nos traitements. Je tâchai donc
« de savoir de *Darydiacaty* (c'est ainsi que s'appelle le Mara-
« bout) le nom et la distance du lieu où il avait pris les sang-
« sues ; s'il y en avait beaucoup, et s'il voudrait enfin en aller
« chercher pour le compte du gouvernement. Ce Marabout me
« donna toutes les informations que je désirais à cet égard, et
« me promit de nous en procurer. Je m'empressai de faire
« connaître à M. Schmalz, alors Gouverneur du Sénégal, les
« avantages que ce nouveau remède nous promettait, et un
« marché fut passé immédiatement par l'administration avec
« *Darydiacaty*, à raison de 15 fr. le cent; mais un an plus
« tard, le fournisseur, avide d'argent, exigea 25 fr. au lieu du
« prix convenu. Un prix aussi élevé devait nécessairement
« mettre des bornes très-limitées à l'emploi des sangsues, et
« nous étions obligés de les réserver pour les cas les plus graves :
« encore en usions-nous avec une extrême parcimonie. »

En 1823, une autre espèce de sangsue fut découverte, ajoute
M. Catel, dans les marigots qui parcourent le pays de Wallo.

Ces marigots sont des espèces de rivières qui sortent du fleuve pour y rentrer, après avoir parcouru une étendue plus ou moins considérable de pays ; les sangsues paraissent se plaire dans leurs eaux claires et paisibles, comme elles se plaisent dans les lacs et les étangs. On en trouve maintenant jusqu'aux Cataractes du Felou ; Baquel, sous ce rapport, jouit des mêmes avantages que Saint-Louis. Les officiers de santé de ce poste envoient chercher dans des mares formées par les eaux de l'inondation ou dans de petits marigots celles dont ils ont besoin. Enfin on est parvenu, dans ces derniers temps, à découvrir des sangsues dans le lac *Panier-Foule*, où elles sont très-abondantes.

Sur la demande de M. le docteur Catel, les deux espèces de sangsues du Sénégal, la noire et la verte, la première que l'on trouve dans le pays de Cayor, et la seconde provenant des marigots du fleuve et du lac cité plus haut, ont été essayées dans plusieurs hôpitaux de Paris. Il résulte du rapport adressé au ministre de la marine par M. Henri, chef de la pharmacie centrale des hôpitaux de Paris, le 29 août 1829, que les expériences faites ont prouvé que les sangsues du Sénégal possèdent tous les caractères des sangsues officinales et peuvent être appliquées sur les malades sans exiger d'autres précautions et d'autres soins que ceux mis en usage pour celles provenant d'Europe (1).

(1) Voici les conclusions du rapport fait le 3 novembre 1829, à l'accadémie royale de médecine, par MM. Henry, Serullas et Virey, ce dernier rapporteur, sur les sangsues du Sénégal :

1° Qu'elles forment une espèce distincte, ainsi que leurs variétés, de nos sangsues officinales d'Europe ;

2° Q'elles sont aptes à l'usage de la médecine ; qu'on peut aisément les transporter au loin dans de la terre argileuse, et les conserver ainsi long-temps ;

3° Qu'elles absorbent, à nombre égal, près de moitié moins de sang, dans leur application, que nos sangsues ordinaires ; et qu'ainsi, pour obtenir les mêmes effets en médecine, il en faudrait employer un plus grand nombre ;

4° Que la proportion de sang qu'elles absorbent est d'environ une fois et un tiers le poids de leur corps, tandis que la sangsue médicinale de France en extrait environ deux fois et demie de son poids. Du reste les piqûres sont à peu près semblables.

(115)

En 1822, autre époque remarquable au Sénégal, dit le rapport de M. Catel, par l'introduction et la propagation de la vaccine à Saint-Louis, nous trouvâmes une nouvelle occasion d'accroître nos richesses en sangsues. Désirant procurer à la jeunesse des villages circonvoisins les bienfaits de l'antidote de la variole, je proposai à M le baron Roger d'aller moi-même porter le préservatif jennerien aux habitants des villages de Gandiolle. Le commandant ayant accueilli ma proposition je partis, accompagné de M. Baumont, chirurgien de la marine, de plusieurs enfants porteurs de beaux boutons, et nous vaccinâmes deux cent cinquante enfants. Cette opération terminée, nous trouvant entourés d'une foule d'habitants, je leur fis comprendre que j'avais été envoyé par le Roi de France pour délivrer le pays du fléau de la variole, et que la seule récompense que j'exigeais de leur part pour un si grand bienfait était de nous apporter des sangsues, qui leur seraient payées 2 fr. 50 c. le cent. En partie par reconnaissance, et en partie par intérêt, ces hommes, quelques jours après, nous apportèrent plusieurs milliers de ces annélides, et continuèrent à nous en approvisionner jusqu'à l'époque du combat de la Barre, qui mit un terme à nos relations amicales.

M. le docteur Catel compléta son œuvre d'humanité en contribuant à la création d'un dépôt de sangsues à Richard-Tole, jardin de naturalisation, au Sénégal, et en provoquant l'établissement dans l'enceinte de l'hôpital à St.-Louis d'un réservoir destiné à leur conservation. Ce fut également sur sa proposition que le ministre de la marine ordonna l'envoi à la Martinique et à la Guadeloupe de ces précieux annélides dans le but d'en faciliter la reproduction.

Dès l'année 1830 les hôpitaux de la colonie furent en possession des sangsues indigènes à l'Afrique. La quantité expédiée depuis cette époque jusqu'au commencement de l'année 1846 s'est élevée à 428,000, mais les mortalités survenues pendant les traversées en ont réduit le nombre à 219,770.

Au Sénégal, le prix d'achat a varié, dans les proportions suivantes, de 1830 à 1833, de 15 à 16 fr 50 c. le millier; de 1837 à 1842, de 28 à 50 fr., et de 1842 à 1846, de 50 à 55 fr. Cette

augmentation de prix parait provenir, d'après des renseignements indirects que nous avons obtenus, d'une plus-value que
supportent les sangsues du Sénégal, expédiées dans les Antilles,
plus-value formée des dépenses de construction d'un réservoir,
créé à St.-Louis sur une plus grande échelle que le premier.

La moyenne du prix des sangsues du Sénégal rendues à la
Martinique, tous frais accessoires compris, ressort à 60 fr. le
millier.

D'après une moyenne établie sur plusieurs années, les sangsues provenant d'Europe reviennent aux pharmaciens civils
de 120 à 150 fr. le millier. Depuis deux ans environ, cet article
ayant donné plus de perte que de profit, le port de Marseille a
considérablement réduit ses envois; il s'en suit que les sangsues sont fort rares et se paient plus cher. Le prix du millier
varie de 150 à 200 francs au détail; les sangsues se paient ordinairement de cinquante à soixante-quinze centimes l'une.
La colonie manque entièrement de ces annélides en ce moment.
Un navire marseillais, arrivé il y a peu de jours, en a apporté
une très-petite quantité et on en demande trente francs le cent
ou 300 fr. le millier.

Les hôpitaux de la colonie consomment annuellement
120,000 sangsues, ce chiffre est établi sur une moyenne de
dix ans (1835 à 1845), savoir :

L'hôpital du Fort-Royal....................... 80,000
     —   Saint-Pierre, Trinité et Marin......... 40,000

Nota. Ces deux derniers hôpitaux n'entrent que pour une très-
faible quantité dans ce chiffre.

Total égal..... 120,000

L'importation de ces annélides dans la colonie s'est élevée,
de 1838 à 1844 (sept ans), seules données exactes que nous
ayons pu obtenir, à.......................... 1,010,842

Ce qui donne une moyenne par année de....... 144,406
Mais ce chiffre doit être bien au-dessous de la
quantité de sangsues introduites parce que les déclarations en douanes peuvent être difficilement vé-
rifiées.

À reporter. . . 144,406

Report... 144,406

Sur cette quantité il en a été exporté de la colonie à l'étranger, de 1840 à 1844 (cinq ans), 27,600; moyenne approximative par année.................... 7,000

Quantité de sangsues admise régulièrement à la consommation dans la colonie............. 74,404

Il résulte de ce qui précède que le Sénégal a fourni aux hôpitaux de la colonie, dans *une période de onze années,* 428,000 sangsues, ci..... 428,000

Sur cette quantité, il n'en a été reçu que, ci............................ 302,520

D'où, déduisant les sangsues perdues dans les viviers en 1840, ci. 82,750

Reste..... 219,770   219,770

La perte constatée sur les sangsues provenant du Sénégal s'élève à............. 208,230

D'après ces calculs on voit que les sangsues du Sénégal ne sont entrées que pour un sixième dans la consommation des hôpitaux, qui étant annuellement de..................................... 120,000

N'en ont employé de cette provenance, par an, que. 21,977

En conséquence, l'entrepreneur a dû s'approvisionner sur la place, lorsqu'il n'a pu utiliser, après un certain temps, les mêmes sangsues, d'une quantité de.................................... 98,203

Ces chiffres démontrent jusqu'à l'évidence combien il importe de se préoccuper de la reproduction de la sangsue officinale à la Martinique, puisque les hôpitaux à eux seuls peuvent absorber toutes celles qui nous sont apportées du Sénégal et d'Europe. Il serait intéressant de faire connaître à combien s'élève approximativement la quantité de sangsues employées dans toute la colonie; ce document statistique ferait ressortir encore mieux et d'une manière plus palpable la nécessité de procurer au pays cette ressource indispen-

sable au traitement des maladies, qui prennent plus particulièrement naissance sous notre climat.

Il s'agit ici d'une question d'humanité fort sérieuse, qui
intéresse autant les personnes aisées que la classe nécessiteuse ;
car si dans les temps ordinaires les premières ne peuvent se
procurer des sangsues qu'en les payant très-cher, les malheureux sont obligés de s'en passer souvent, et dans des cas où
leur application peut décider de leur guérison.

En 1834 il a été construit à l'hôpital du Fort-Royal un vaste
bassin couvert pouvant contenir un très-grand nombre de
sangsues (1). Indépendamment de ce bassin destiné à faire
peupler ces annélides, on a creusé à une très-petite distance
dudit bassin un vivier qui en reçoit les eaux et dans lequel on
peut jeter au fur et à mesure tous ceux qui ont servi.

Ces sangsues, après quelques mois de séjour dans ce vivier,
peuvent être utilisées de nouveau et même, comme le pense
M. le docteur Catel, acquièrent plus de forces, plus de développement et de vigueur par suite du sang qu'elles ont sucé et
digéré et peuvent même, ajoute-t-il, devenir plus propres à la
reproduction que les sangsues apportées d'Europe.

Malgré les excellentes intentions qui ont présidé à l'installation de ce réservoir et les dispositions prises pour qu'il accom-
plisse son objet principal, celui de faciliter la conservation et
la multiplication des sangsues, il n'en est pas moins certain
que l'on n'a obtenu aucun de ces résultats si désirables.

Cela tient, peut être, à des causes atmosphériques, à la qualité des eaux du Fort-Royal, ou à des animaux qui ont détruit
les sangsues ou facilité leur fuite en dégradant l'intérieur du
bassin sans qu'il ait été possible de remédier efficacement à
cette cause incessante de destruction (2).

(1) Le plan de ce bassin, tel que M. Achard, pharmacien en chef de la
marine, l'avait proposé, et celui représentant le bassin actuel, construit aux
frais de M. Lemaire, entrepreneur des hôpitaux, sauf remboursement ulté-
rieur, seront tous deux joints aux exemplaires de cette notice. — Nous devons
ces deux croquis à l'obligeance de M. Blum, commis de la marine.

(2) Il ne serait pas sans un grand intérêt que des observations fussent
faites à ce sujet à l'hôpital du Fort-Royal et reçussent de la publicité. Nous

Le Jardin-des-Plantes, sous la direction de M. Artaud, reçut quelques dispositions tendant à utiliser dans cet établissement une sorte de vivier naturel, dont la situation et les conditions accessoires formaient un réservoir d'eau vive, constamment alimenté par des filtrations et dont les bords entourés de gazons et de joncs ne permettaient pas aux sangsues de s'échapper. Elles auraient trouvé dans cet espace, abrité du soleil, garni de roches et de limons, un attrait suffisant pour y rester et s'y multiplier.

Dans le cas où de nouveaux envois de sangsues du Sénégal auraient lieu, cet emplacement nous paraît celui qui garantirait sans dépenses la réussite; seulement il conviendrait d'environner ce vivier d'une clôture telle qu'on ne pût y pénétrer qu'à l'aide d'une porte fermant à clef.

Nous sommes tout naturellement amené à mentionner ici une amélioration qu'il serait facile de réaliser également au

croyons devoir même à cette occasion exprimer le désir que le résultat des observations météorologiques, qui ont lieu dans les hôpitaux et qui sont recueillies avec tant de soins et de régularité, par notre premier médecin en chef, Catel, soient l'objet de la même publicité par la voie du *Journal officiel* de la colonie.

Ces expériences intéressent également l'économie rurale : on sait que le concours de plusieurs sciences engagées simultanément dans un mouvement progressif n'a pas été superflu pour amener cette révolution, qui a fécondé en Europe la science agronomique. La physique, la chimie, la botanique et les autres branches des connaissances naturelles sont venues aux secours de l'agriculture. Une étude plus approfondie des effets du calorique, de l'électricité, de la lumière, de l'humidité, a servi à déterminer leur influence sur la végétation. La météorologie conduisit à la circonscription des climats ; elle aida à déterminer les éléments qui constituent le caractère général d'une contrée, mit sur la trace des modifications auxquelles on peut espérer de la soumettre et fournit des indices assez concluants pour que toutes les chances de naturalisation, soit de plantes, soit d'animaux, pussent être balancées et prévues.

Nous concluons donc, de ce qui précède, qu'on ne saurait trop répandre le résultat d'expériences qui conduisent à la connaissance des lois auxquelles obéissent les phénomènes atmosphériques; car ces expériences intéressent l'hygiène publique, notre bien-être physique, l'agriculture, l'industrie, la médecine, pour lesquels ces questions sont souvent de la plus haute importance.

Jardin-des-Plantes; elle consisterait à utiliser le grand vivier Donzelot, où ont été placés, en 1821, les goramis apportés (1) de Bourbon en 1819 par M. le baron de Mackau.

(1) Genre de poissons de l'ordre des thoraciques, à corps comprimé, à dos très-élevé, couleur brune avec des teintes rougeâtres sur les nageoires et sur le dos; bouche armée de dents aux deux mâchoires; cinq ou six rayons à chaque nageoire thoracine. Le premier aiguillonné, le second suivi d'un long filament; nageoire dorsale éloignée de la nuque et se prolongeant jusqu'à la caudale où elle s'arrondit; nageoire anale conformée de même, la caudale ronde, etc. etc.

On rapporte que ce poisson, originaire de la Chine, a été apporté à l'île de France, où, devenu commun dans les eaux douces, il fournit aux habitants une nourriture abondante et saine. On assure qu'il parvient dans sa plus grande croissance à cinq ou six pieds de longueur.

Ceux qui sont au Jardin-des-Plantes sont fort gros; la chair en est excellente et le goût très-délicat, nous en parlons, par expérience.

Parmi la belle collection de plantes et les goramis apportés en 1819, par la flûte le *Golo*, commandée par M. le baron de Mackau, alors capitaine de frégate, se trouvaient deux Falco-Serpentarins [oiseau dit serpentaire, ou secrétaire]. Le général Donzelot, dans sa sollicitude pour le pays, avait demandé au Ministre l'envoi de ces oiseaux pour détruire les serpents, dont notre île a le malheur d'être infestée. On ne lira pas sans intérêt la notice qui va suivre sur cet animal curieux, qu'il eut été si heureux de naturaliser et de multiplier à la Martinique.

DESCRIPTION. — Hauteur totale, 5 pieds 8 pouces (1 mèt. 19 cent.), grosseur d'une dinde, jambes et cou très-longs en proportion de la grosseur du corps situé, à peu près, au milieu de ces deux extrémités, couleur d'un gris brun sur les couvertures des ailes, sur le dos, le cou et la tête; d'un gris plus clair sur le devant du corps. On voit du noir pur aux pennes des ailes et de la queue; du noir mêlé de gris sur les cuisses; le derrière de la tête est orné d'une touffe de longues plumes noires et raides qui pendent le long du cou. La plupart de ces plumes ou pennes ont jusqu'à 7 pouces (0 mèt. 189 mill.) de longueur; il y en a de plus courtes et de grises; toutes sont étroites à la base et s'élargissent vers l'extrémité; ces plumes se redressent très-haut quand l'animal paraît ému. La tarse de la jambe a au moins un pied (0 mèt. 525 mill.) d'élévation. La cuisse est un peu plus courte; les plumes dont elle est couverte s'arrêtent à un pouce (0 mèt. 027 mill.) au-dessus du genou qui est nu et fort. Les doigts sont gros et courts, terminés par des ongles crochus; celui du milieu plus long que les latéraux qui lui sont unis par une membrane, à moitié de leur longueur : le doigt postérieur est court et fort. La

D'après les renseignements que nous a fournis M. Verger, prédécesseur de M. Barrillet, il a constaté, en faisant nettoyer cette pièce d'eau vers la fin de l'année 1844, qu'il ne restait plus que sept goramis sur les vingt-cinq, dont dix-neuf avaient été mis primitivement dans le vivier et six autres provenant d'un envoi fait de Cayenne, le 28 mai 1825.

Cette espèce de poissons qui ne s'est malheureusement pas propagé à la Martinique, comme on l'avait cru d'abord, pour-

tête de cet oiseau est passablement grosse, sa bouche est fendue jusqu'au-delà des yeux; le bec est fort, ayant la partie supérieure arquée comme celle de l'aigle, pointue et tranchante; ses yeux sont placés au milieu d'une peau nue de couleur rougeâtre qui part de la racine du bec et se prolonge au-delà de l'angle extérieure des yeux : ceux-ci surmontés d'un rang de cils formant le sourcil.

OBSERVATIONS. — Cet animal singulier paraît constituer un genre mixte et former le passage où le chaînon entre les oiseaux de proie dont il a les armes, et les oiseaux de rivage dont il a les échasses et les pieds membraneux. Les deux individus que nous avons possédés au Jardin-des-Plantes ont vécu quelque temps. Leur utilité pour notre colonie, en égard à la destruction de la vipère *Fer-de-Lance*, consistait dans l'espoir de leur accouplement et de leur propagation; mais ils sont morts malheureusement sans postérité. Nous regrettons cette perte et la peine prise par le gouvernement pour se procurer ces animaux intéressants. Nous le regrettons, disons-nous, avec d'autant plus de raison, qu'on assure que ces oiseaux s'apprivoisent facilement et que l'on est parvenu à les accoutumer à la domesticité comme les autres volailles, tant au cap de Bonne-Espérance qu'à l'île de France et à Bourbon. Nous n'avons pas de peine à le croire; car malgré leur force et leurs défenses, ils paraissent d'un naturel plus doux que féroce, plus timide que sauvage envers les hommes.

Mais nul doute qu'ils n'attaquent courageusement les serpents, néanmoins, M. Le Grand, ancien directeur du Jardin-des-Plantes, jaloux de conserver le seul couple confié à ses soins, n'osa jamais tenter de les mettre aux prises avec le *trigonocéphale* de la Martinique. Les essais, et on doit le regretter vivement, se bornèrent à leur présenter de grosses couresses qui, comme on le présume, furent sur le champ victimes de leur voracité, la manière dont ces oiseaux se disposent au combat, est de s'éloigner d'abord, puis de se redresser avec fierté en faisant face à l'ennemi : les longues plumes du cou se hérissent, alors, s'avançant brusquement sur le reptile, ils lui appliquent, avec une adresse admirable, un coup de talon qui l'étourdit, plusieurs autres coups appliqués de la même manière le tuent et le bec achève l'exécution.

rait être avantageusement remplacé par des carpes, dont la multiplication est assurée ici. Sur l'habitation de M. de Perrinelle, près Saint-Pierre, elles réussissent très-bien. Cette proposition a été faite dans le temps par M. Montfleury de L'Horme et reçut même un commencement d'exécution en ce qui concerne la destruction des goramis, dont un très-beau fut servi le 14 octobre 1826 à la table de M. le comte de Bouillé, gouverneur de la colonie (1).

Si les poissons comme les oiseaux et les anima x curieux et utiles nous semblent devoir occuper une place dans notre Jardin-des-Plantes ; cependant nous n'entendons pas comprendre dans la nomenclature de ceux-ci, des reptiles vénimeux et des animaux immondes et destructeurs, qui, malgré les précautions prises, pourraient, s'ils s'échappaient, occasionner de graves accidents et commettre des dégats fort regrettables.

A part l'effroi et les inquiétudes, que peuvent causer aux promeneurs la présence de ces hôtes repoussants, elle priverait entièrement le Jardin de la visite d'un sexe aimable et timide, qui préfère aux impressions pénibles et aux cris rauques et

---

(1) A cette occasion, ce chef bienveillant, dont le souvenir nous sera toujours cher, composa une charmante épitre, dédiée à un de ses amis, M. Jean Samaran, habitant de St.-Pierre, surnommé le patriarche du tamarin. Nous regrettons vivement de ne pouvoir reproduire ici cette œuvre spirituelle et légère par la crainte de commettre, peut-être, une indiscrétion, en la publiant sans autorisation de l'auteur.

Ce fut sous les auspices de ce même gouverneur, ami des lettres, que se forma au Fort-Royal une section de la Société Linnéenne de Bordeaux, en tête de laquelle on vit figurer les noms de MM. le docteur Cavenne, Audemar, Artaud et Allouis. Le règlement constitutif de cette Société est du 30 mars 1827 ; à l'intar de celles que la Société Linnéenne de Bordeaux, dont l'existence a plus d'un demi siècle, a créées dans l'Inde, à l'île Bourbon et à la Guyane, la section Linnéenne de la Martinique avait pour objet de s'occuper spécialement de l'histoire naturelle, de géologie et de la statistique de notre colonie. Ses premiers travaux eurent pour but de faire connaître les richesses en tous genres que possède notre contrée, et d'exciter le zèle des hommes éclairés et laborieux, en les appelant à concourir au succès d'une institution utile.

perçants des bêtes sauvages, le riant aspect des fleurs et le chant mélodieux des oiseaux.

Dans les jardins publics en France il existe très-peu de ménageries. Au Muséum d'Histoire naturelle de Paris, les singes ont un palais en fer et les bêtes féroces sont renfermées dans des cages d'une solidité éprouvée ou dans des espaces entourés de mur d'une hauteur suffisante pour être examinés sans danger, tandis que dans notre Jardin-des-Plantes, aucune installation de ce genre n'a été prévue, ni exécutée. D'ailleurs cet établissement, par sa destination spéciale ne comporte pas des emménagements de l'espèce, qui seraient aussi dispendieux qu'inutiles.

Nous donnerions certainement la préférence, et beaucoup de personnes sont de notre avis, à la création d'une vaste et belle volière, qui permettrait de se livrer à des études ornithologiques plus en harmonie avec l'aimable culture des fleurs. On pourrait ainsi utiliser la charpente de la volière que la Société d'agriculture avait fait préparer dans le temps et dont les bois doivent avoir été soigneusement conservés.

Dans les pièces d'eau, il serait facile également d'élever des aquatiques, qui en feraient l'ornement.

Toutefois, nous sommes loin de blâmer dans un amateur et un botaniste, surtout, le goût et même la passion pour cette belle et intéressante branche de l'histoire naturelle qu'ont illustrée les Buffon, les Lacépède, les Cuvier et sur laquelle, de nos jours, jettent tant d'éclat les savants travaux de leurs dignes successeurs, les Duméril, les Blainville, les Geoffroy Saint-Hilaire.

Il y a d'ailleurs affinité entre le règne végétal et le règne animal. La botanique liée désormais avec la physique végétale, assigne les rapports qu'ont entre eux les végétaux, la place qu'ils occupent dans la chaîne des êtres, et les groupes ou familles naturelles qui les unissent entre elles. Elle a aussi pour objet l'observation des organes qui entrent dans la composition du végétal, la détermination de leurs formes, de leur position, de leurs rapports réciproques, ainsi l'on voit que cette partie de la botanique, qui porte le nom d'*Anatomie végétale*, a beaucoup d'analogie avec l'*Anatomie des animaux*.

Il nous reste maintenant à examiner le Jardin-des-Plantes sous un dernier point de vue. C'est celui des essais à y faire pour parvenir par la greffe à la prompte multiplication des arbres utiles, en général, notamment des arbres fruitiers, et à l'amélioration de leurs fruits.

Nous n'essaierons pas de donner ici une monographie des greffes, ou description technique des diverses sortes de greffes employées pour la multiplication des végétaux, nous nous bornerons à renvoyer les personnes désireuses d'acquérir les connaissances indispensables à l'application des vrais principes de cet art, dont la découverte remonte à la plus haute antiquité, au mémoire publié par M. Artaud et inséré aux *Annales de la Société d'agriculture*, page 299, tome 2, année 1840. Ce travail complet peut être consulté avec fruit.

Toutefois, nous jugeons utile de rappeler ici la définition de la greffe, donnée par un des maîtres de la science, le célèbre Thouin.

Définition : « La greffe est une partie végétale vivante, qui, « unie à une autre, s'identifie et croît avec elle, comme sur son « propre pied, lorsque l'analogie entre les individus est suffi- « sante.

« *Buts d'agrément et d'utilité* : — Les avantages de cette « voie de multiplication sont entre autres :

« 1° De conserver et de multiplier des variétés, des sous variétés « et des races d'arbres, provenus de graines dues aux hasards de « la fécondation, et qui ne se propagent point par la voie des « semences. Elle est aussi la plus sûre et la plus prompte pour se « procurer un grand nombre de végétaux très-intéressants, qui « se multiplient difficilement par tout autre moyen;

« 2° De perpétuer des monstruosités remarquables, suites de « maladies ou d'accidents : tels sont les panachures, les laci- « niures, les fleurs doubles et pleines, et les fruits irréguliers. « Le rosier à feuille de céleri, l'érable lacinié, les arbres pana- « chés et maculés, les cerisiers à fruits en bouquet, et les

« orangers dits hermaphrodites, offrent des exemples de ces
« singularités;

« 3° D'accélérer de plusieurs années la fructification;

« 4° D'embellir les fleurs, et beaucoup de variétés d'arbres et
« arbustes d'ornement;

« 5° Enfin de bonifier les fruits d'arbres économiques, d'en
« hâter la maturité et d'augmenter le bénéfice du cultivateur,
« du propiétaire et les ressources du consommateur (1).

Nos arbres fruitiers sont de véritables sauvageons. La plupart
ne réussissent pas de bouture par la voie ordinaire. En conséquence, nous ne pouvons en propager les espèces qu'en
semant leurs graines ou leurs noyaux. Outre l'inconvénient
d'attendre l'époque plus ou moins éloignée où ces arbres pourront donner leurs fruits, nous avons à redouter d'avoir perdu
ce temps et notre peine en n'obtenant que des fruits d'une
qualité bien inférieure à celle qui devait résulter du choix
de la semence. Tels sont les manguiers. Personne ici n'ignore
à quel point cet arbre est sujet à varier dans ses produits,
et il serait impossible de concevoir, sans cela, comment une
douzaine de manguiers tout au plus, introduit à différentes
époques dans la colonie, auraient produit cette multitude de
variétés de fruits qui se ressemblent si peu pour la saveur, les
formes et les couleurs, quoique manifestement de la même
espèce. Ce que je dis des manguiers s'applique à tous les arbres
fruitiers venus de graine. Or, pour éviter de pareils changements, pour fixer la qualité des meilleurs fruits de nos vergers,
les multiplier à notre gré, exempts d'altération, et pour en jouir
plus promptement, il est deux moyens infaillibles : le marcottage et la greffe. Marcotter nous fournit l'avantage de conserver intacte la qualité d'un sujet de choix et de le propager
plus rapidement que le semis. Greffer, nous procure celui
d'améliorer d'une manière indéfinie la qualité d'un sujet et de

(1) Ces avantages ne sont pas les seuls qui résultent des greffes. On verra
dans l'ouvrage de M. Artaud, à la description de chaque espèce en particulier,
qu'elles sont employées avec succès à beaucoup d'autres usages.

(126)

l'amener à un degré de perfection satisfaisant. Les pêches (1),
les prunes, les abricots, les pommes et les poires qui font en
Europe les délices des desserts, sont pourtant des fruits acerbes
et détestables dans leur état primitif de sauvageons, et en cela,
ils sont bien inférieurs à nos fruits qui, pour la plupart, se
laissent manger avec plaisir, quoique dans le même état de
nature. — Que seraient donc ces derniers, si la greffe les avait
portés à ce point d'amélioration si désirable? quand elle
n'aurait sur nos fruits que la puissance d'augmenter la pulpe
aux dépens du noyau, toujours trop volumineux ou des graines
toujours trop nombreuses, ce serait un grand pas fait vers leur
perfectionnement.

La greffe par approche sur les sujets ligneux est celle qui
réussit le mieux ici.

On pourrait essayer de greffer les abricotiers, les pruniers,
les pêches, les amandiers et même les cerisiers d'Europe sur
le prunier noyau indigène. Car c'est en vain que nous culti-
vons ici ces plantes délicates; tous nos efforts n'aboutissent
qu'à les voir végéter, languir et mourir, après avoir lutté plus
ou moins de temps contre les intempéries d'un climat qui n'est
pas le leur (2). Plutôt que de prendre tant de peine inutile pour

____

(1) Qui aurait cru que la pêche vénéneuse de Perse deviendrait en France
le plus délicieux des fruits ; que la vigne sauvage, ces grains acerbes et détestables, se changeraient sous la main de l'homme dans ces milliers de sortes
diverses de raisins et produiraient ces vins innombrables dans leurs variétés,
qui font la joie de la société; que l'art du distillateur en extrairait encore
ces esprits, bases d'une infinité d'arts utiles? c'est à la greffe cependant qu'on
doit tous ces heureux résultats.

(2) Dans un écrit remarquable, qui porte la date du 26 juin 1846, sous le
titre de projet d'un établissement de réfrigération pour les colonies, son
auteur, M. Colson, a démontré les avantages que l'on retirerait d'une serre
froide, qui permettrait de rapprocher les plantes des climats les plus opposés.
Un seul nouveau fruit, procuré à l'Europe par la réapatriation d'un sujet
qui serait venu s'unir à une variété de nos fruits, par un rapprochement
ménagé des deux côtés, serait en effet pour elle, comme le dit l'auteur de la
proposition, la conquête la plus précieuse du siècle!.... nous regrettons de
ne pouvoir reproduire ici les belles démonstrations de l'ouvrage de M. Colson

entretenir dans nos jardins ces végétaux intéressants, dans un état continuel d'infirmité et de marasme, pourquoi ne pas incliner nos soins vers une tentative dont la réussite est peut être moins incertaine qu'on ne pourrait se l'imaginer. Les pruniers noyaux de nos bois sont des sauvageons vigoureux, les seuls capables de former alliance avec d'aussi précieux congénères. Il ne serait pas difficile de les acclimater dans les jardins et surtout dans les lieux frais. Plantés jeunes encore dans des caisses ou des paniers, on les transporterait auprès des plantes indiquées, pour essayer de les greffer par approche. C'est là, peut être le seul moyen de s'assurer pour toujours la fructification des arbres à noyau de la France. Et non seulement ce serait une belle conquête pour nous, mais encore un nouveau triomphe de l'art sur la nature.

Les muscadiers du Jardin-des-Plantes sont encore en petit nombre, et l'on ne prévoit pas l'époque où *la* colonie pourrait enrichir ses cultures du produit de cette précieuse épicerie, si l'on attendait que cet arbre s'y répandît par les voies ordinaires. Sa propagation est sujette à des retards qui tiennent à plusieurs causes majeures, au nombre desquelles nous mettons au premier rang la lenteur de son accroissement et le hasard des sexes ; car il ne suffit pas de veiller attentivement à la conservation des plantes provenant de la noix pour être certain d'en avoir un jour les fruits, il faut encore être favorisé d'un certain bonheur pour que ces plants se rencontrent mâles et femelles. Or, il en est plusieurs au jardin et chez des particuliers, dont on connaît déjà le sexe, il ne s'agit donc plus que d'en retirer autant de marcottes que les sujets le permettent pour commencer une voie de multiplication à la fois prompte et certaine (1).

aussi puissant par la force de la logique que par la richesse et l'animation du style. — C'est, en un mot, un de ces projets grandioses, dont l'exécution, toute impraticable qu'elle peut paraître, n'en révèle pas moins une hardiesse et une portée de vues qui égalent les proportions de cette œuvre d'imagination et de génie.

(1) Le muscadier aromatique (myristica aromatica) nous est venu de Cayenne, où il fut apporté pour la première fois en 1775 par M. Dalmand, à qui

Les sapotilliers (achras sapotas) sont, sans contredit, un des arbers les plus tardifs dans leur accroissement; cependant son fruit est comparable au meilleur de l'Europe, quand il est de bonne qualité. En employant pour sa propagation le marcottage ou la greffe, rien n'empêcherait à l'amateur des vergers de se procurer des arbres presqu'en rapport.

En envisageant la régénération du cafier sous un autre point de vue plus large et plus élevé, pourquoi ne tenterait-on pas comme moyen de destruction de l'insecte qui s'attache à cet arbrisseau, parcequ'il y a dégénérescence évidente de la plante, la greffe, ce puissant secours que prête aux végétaux faibles et rachitique la sève d'un sujet vigoureux. Le cafier appartient à la belle famille des rubiacées. Cette famille est ici d'une grande richesse en genres divers sur lesquels la greffe réussirait infailliblement. Il serait facile de se livrer à ces essais intéressants au Jardin-des-Plantes. Le succès d'une pareille entreprise serait un aussi beau triomphe pour un directeur, qu'un titre incontestable à la reconnaissance du pays.

Ici se termine la tâche que nous nous sommes imposée. Emporté par un sujet aussi attrayant qu'intarissable, nous n'avons pu maîtriser nos impressions, notre élan, et souvent nous sommes sorti du cercle que nous nous étions nous-même tracé :

> Ut, cum carceribus sese effudere, quadrigæ
> Addunt in spatia, et frustra retinacula tendens
> Fertur equis auriga, neque audit currus habenas.

Nous réclamons donc toute l'indulgence de nos lecteurs. Si dans le nombre, il s'en trouve d'assez étrangers à l'étude des

Deschamps, chirurgien-major de l'île de France, avait remis trois noix pour M. Noyer; une seule réussit et donna un muscadier mâle. Ce ne fut qu'en 1789 que M. Martin, botaniste, apporta de l'île de France une grande quantité de plants asiatiques, parmi lesquelles étaient trois plantes de muscadier. Ce fut en 1795 que les deux qu'on eut le bonheur de sauver fleurirent pour la première fois à Cayenne.

Greffés par approche sur le muscadier porte-suif (myristica sebiféa) on obtient de bons résultats. Ce moyen de multiplication a été employé dans le temps au Jardin-des-Plantes et a réussi.

plantes ou d'assez indifférents au culte des fleurs pour s'être
étonnés de nous entendre parler de la botanique comme d'une
science importante, et de l'agriculture comme d'un art qui
rend heureux le pays où il est en honneur et où il fleurit, nous
n'avons pas écrit pour eux; s'il en est d'autres, au contraire, à
qui la vue d'un beau jardin, d'une belle campagne, inspire de
douces émotions, ceux-là nous sauront gré de les avoir entre-
nus de ce qu'ils aiment. — Satisfait de leur approbation, elle
nous consolera de la critique des autres. Et enfin, quel que soit
le sort de ce faible essai, il aura du moins éveillé quelques sympathies et fixé l'attention du gouvernement sur le mérite d'un
établissement, né de sa bienveillance et conservé par les sacrifices que s'est imposé et que s'imposera encore un généreux
patriotisme.

Fort-Royal, 20 juin 1847.

REISSER.

9 782329 599175